時間的重點在「排序分配」而不是管理！

6區塊 黃金比例 時間分配法

三步驟「視覺化」時間價值，
正事不荒廢更有小確幸，活出自己想要的人生

鄭智荷(정지하) —— 著　Loui —— 譯

시간을 선택하는 기술 블랙식스:내 일상의 황금비율을 찾는 하루6블럭 시간 관리 시스템

方言文化

導言
找出日常生活黃金比例的
六區塊時間管理系統

　　本書不會要求你一大清早起床，不會要求你做好更多的事，不會要求你活得更加努力。

　　我全心全意，寫下這本書。盼你能透過本書，找到讓自己感到舒適的時間平衡、發現想要的人生樣貌；獲得勇氣選擇想要的人生，培養出守護自己的力量且得到自由。

　　把一天簡化成六區塊的 BLOCK6 ＊，將會成為你的助力。

＊編註：「BLOCK6」為作者創建的新詞彙，且已申請商標，是表現作者核心思想「六區塊時間管理系統」的專有名詞。

BLOCK6 秘訣——
縮減無謂事物，專注自己想做的事

「你認為這當中哪個最重要？先做哪件事比較好？」

「當然都重要，每件事都是第一順位，全按照排程給我。」

　　說不定聽到這句話的那個瞬間，就是我決定離職的第一時間。你曾和壓根不清楚職員們現在要做多少事情，只知道一味分派新工作的上司共事過嗎？不管是無法判定工作優先排序的上司，還是不能掌握實際工作時間的上司，他們所下的指示都形同暴力。

　　先不用責怪上司，看看我的計畫表吧。毫無優先排序，寫滿想做的事，絲毫不考慮自身體力而塞滿的約會行程；想著「總有一天會收聽」而訂閱的一堆線上課程；認為總有一天會想看，按下「發給我」的無數報導和專欄；抑或看到熱銷便結帳的美術展示會門票等等。我也是自己的上司，不也正在對「我」這個職員提出足以向勞工局檢舉的不當要求嗎？同樣無視優先排序，一味要求自己完成數不清的任務，甚至打算為此凌晨起床嗎？**這本書正是寫給和我一**

樣，即使物慾減少，想做的事卻沒有減少的人。

我很開心自己是一個樂於忙碌過活、「還想做點什麼的人」，不管什麼都想嘗試，主動找事情做。這樣的我卻接觸到極簡生活（Minimalist life），發現不只有買東西能帶來愉快，原來斷捨離也可以。但我很快便遇到瓶頸！因為雖然降低了物慾，然而想做的事情卻難以減少。

我希望自己的時間，能像被清空的家一樣感到從容，幾次試圖為時間留點餘裕。但肉眼看得到的物品都已經很難整理，清理「看不見的時間」更是難上加難。

在醫院任職十一年期間，接受過系統建構訓練的自己，決定把這段日子裡在醫院學到的各項系統導入個人生活。當想創建一個必須完成繁多事務，若是遺漏其一便會導致重大缺失的醫院系統時，永遠要留意「不可強調每件不能遺漏的事」。因為如果系統刻意強調不能忘記所有事項，只會變得零星瑣碎。但這種錯誤竟發生在我自己身上！個人生活當中既找不到醒目的重點，又沒有按預期執行。

為求認真生活，以小時和分鐘為單位訂立的計畫表，反倒讓我無法順利達成任何一件事。我相信糟糕的流程一定會帶來不好的結果，優秀的流程則會造就好結果，我的生活亟須導入優秀的流程。

我拋棄以小時和分鐘為單位訂立計畫的方式，將一天大略分成六區塊，早上兩個、下午兩個、晚上兩個，總共就只有六個。只有「必須要做的事」和「想做的事」才有資格放進區塊。

當發現時間變得有限之後，我想做的事自然而然展開了一場

「理想型世界盃」。硬將事情都塞進排程的話，擺明不會好好實踐，所以必須從中選出一項。就像MRI（磁振造影）排程時，如果安排的患者數量超出預期，只會拖延到後面順位的人接受檢查的時間。持續使用六區塊時間分配法後，我終於學會抉擇出該清空的事和該保留的事，且保留下來的全都是我真的必須做或是想做的事，相較從前我更能專注於手上的工作，並樂在其中，也改變了我的人生。

每當出現不同的情況，不管是我邊上班邊因為興趣需要每周上傳兩次以上YouTube影片時、想要辭職而猶豫不決時、無法承受離職後的空窗時期，六區塊時間分配法都會給予我幫助，選出必須做或想做的事。

我很好奇這個方法難道只對我管用嗎？於此同時，我產生一個奇妙的確信，覺得這個方法想必對其他人也有幫助，所以我召集了一個利用BLOCK6系統進行時間管理的「時間區塊團隊」。經營至今已超過一年，共有兩百多名成員，從二十多歲的大學生，三四十歲的上班族、職業婦女、藝術家、全職主婦，到五十多歲的企業家，來自不同領域，把一天六區塊時間管理系統融入自身生活之中。找到生活的平衡點，專注在對自己更重要的事。但這不過是因為他們找到一個利用視覺化，把一天分為六區塊，取捨時間的小工具！

我協助不同年齡層和職業的團隊成員改變自己，並見證這一切。衷心期盼有更多的人能感受到我和成員們在短短兩三個月內所體驗的人生變化，進一步掌握自己的生活節奏。雖然大家都說人很

難被改變，但我深信若能搭配良好的系統，還是有機會做好管理。

現在的我，讓生活逐漸貼近自己滿意的樣貌。作為一名內容創作者，我不僅製作YouTube影片、領導團隊、寫作，並將所有內容集結成冊，完成這本書。為了順利完成上述這些事，我還透過運動鍛鍊體力、閱讀其他書籍，亦未忽略自己的家人。此外，更因應未來發展潮流，持續抽出時間自我開發，像是探索VR世界、定期挑戰擔任節目主持人。

換作從前，我絕對想像不到自己能有這番成績。儘管同樣忙碌，但我的生活已經剔除許多無謂的事物，只把時間耗費在想做的事，脫離盲目工作卻一無所成的境況，從漫無目的轉變為更有智慧的選擇。

隨著時光流轉，我想讓更多人了解六區塊時間分配法的念頭與日俱增。現代社會中，幾乎沒有人可以做到自由支配時間。我真心期盼因為「必須做的事」，遺忘了「想做的事」；或是反過來，因為想做的事太多，難以妥善管理時間的人，能夠藉由六區塊時間分配法，讓生活型態更接近「減少無謂的事物，過自己想要的人生」。

二〇二一年十一月

鄭智荷（정지하）

Contents

Chapter 3

GOAL：審視目標，行動者有所得

Look Mal 課程秘訣

Chapter 4

PLAN：制訂計畫，無價值事斷捨離

Chapter **5**

DO：執行力十策略，成效百分百

Chapter **6**

CHECK：幫助你持續進步的力量

Chapter 7

找回生命價值的真實見證

Chapter 8

創新系統，把時間轉化為價值

庸庸碌碌的人生，
怎麼改變？

「還想做點什麼的人」的時間觀念

「還想做點什麼的人」指的是極富好奇心，什麼都想做，或是閒不下來，對工作有野心的人。和工作狂（workaholic）相比有過之而無不及，是種朝各面向拓展天線的人，而我自己就是這樣。當你讀到這裡，如果發現：「咦？我也是這樣耶！」歡迎拿起這本「還想做點什麼的人」為同類寫的書籍！

我希望自己可以成為一個聰明、工作能力好、會穿搭、跟得上流行、有幽默感且擁有健康體態的人，除此之外還想成為能夠幫助別人的人。

因此我總是很忙碌。由於想做的事實在太多，這世界上又充滿著吸引人的有趣事物，我經常忙著到處嘗鮮。每當品味到不同的事物，便會感到自己變成一個更出色的人，就像是隻尋訪花間的蜜蜂，因為到處品嘗形形色色的花蜜而忙碌。

我一直處於渴望的狀態，因為在幻想世界遇見的自己是如此美好，令我深覺現在的自己還有許多不足之處。為了填補那些匱乏感，我老是在學習些什麼，搜尋該買什麼東西，想著要去哪些更出

色的地方。只有「你活得真用心！太厲害了！」這句話，可以讓我停止沉醉於各種花蜜。不時從熟人口中聽到的稱讚，往往讓我心情愉悅。這是一個里程碑，讓自己覺得過得很好，朝著正確的方向前進。

我的觀點是數不清的點持續聚集以後，有朝一日變成線，而後形成面。有時候確實如此，但大部分的情形都是各自散布，沒有關聯。因此我總忙著四處奔走，一個個佈下了這些既含糊，距離又如同首爾、大田、大邱、釜山一樣遙遠的串聯點。偶爾當我看見過得比自己悠哉的人，在同一個的領域持續畫出小點，成功創造出線和面時，總是備受衝擊。如果將那些人比喻成蜜蜂，他們必定只採集和收藏香氣與價格都屬頂級的洋槐蜂蜜，看著他們珍藏的名品，我時常感到羞愧。

「我到底做了什麼？為什麼會這麼忙？」

雖然非常忙碌，卻沒有一件事達到相當的水準。即使知道問題出在哪裡，也缺乏修正的本事，我不懂如何扭轉這種生活型態，只能重回採集雜蜜的生活。

身為採集雜蜜的蜜蜂，我在公司裡的個人形象是「工作能力好的人」，所以對交辦業務幾乎照單全收。某次分配職務的會議上，出現了一件沒有人願意說「我來做」的事情，陷入尷尬的沉默。我因為難以忍受這種沉默，同時又想聽別人稱讚自己是「救星」，心想「反正不管怎樣，應該都做得到吧」，自告奮勇攬下工作。

這樣的個性雖然讓人學習到很多經驗，但凡事應有底限。我成了一隻不懂拒絕的蜜蜂，導致面臨的未來只有「加班」。反覆

加班、加班、再加班，也漸漸開始不滿工作量的分配不公，並出現「工作只會落在會做事的人身上」這種荒唐的傲慢想法。管理專案的 Excel 工作表不停擴充，彷彿沒有盡頭，也由於負責專案種類繁多，只能一點一點個別進行；所屬部門必須經常向管理者報告，所以馬馬虎虎結案的事我也能寫得有模有樣，日益增強的可說只有寫作能力了。

這種情況使我無法再感受到工作帶來的成長喜悅，對工作滿意度日益低迷。加班時間變得更長，卻不知道自己在做什麼。當時正好是對事情優先排序沒有概念的「還想做點什麼」的上司遇上「還想點什麼」的下屬，從而產生這個最差勁的加乘關係。

跌至谷底的惡性循環

像這樣包攬大大小小的事，卻搞砸一切的「還可以做點什麼的人」所遭遇的惡性循環，只會發生在職場嗎？即使很晚下班，但在日常也仍未停歇。反倒因為「加班」出現補償心理，用各種不同的事物填補生活中瑣碎的空白。不僅報名去不到幾次的吉他課，還抱持「做都做了」的心態，買下對初學者來說太過昂貴的吉他，但卻只上了幾次課，就把這件事拋諸腦後。直到現在，我的衣櫃上仍躺著一把，勉強用生疏的手法彈過幾次 C 和弦，就被放進黑色提箱的可憐吉他。

此外，由於工作多到連週末也要加班，我平時沒什麼時間能和朋友碰面，所以每次一有機會，總是無視自己的體力，在一天內敲

定兩三個約會。久違的朋友相見，本該好好聊天說笑，但第二場、第三場約會時往往因為太累，難以集中精神，最後陷入呆滯，聽到什麼也比別人慢半拍反應，只是傻傻杵在原地。最後拖著疲憊身軀返家，像昏迷一般睡去，直到隔天再度出門工作。日復一日的一蹋糊塗，但我當時並不明白問題出在哪裡。

還有個令我羞愧的時期，那是發生在就讀研究所的期間。我在工作同時考進了研究所，並且開始經營名為「LOOKMAL」的YouTube 頻道，並以外包編輯他人影片作為副業。如果要問我，怎麼同時做到這麼多事，我想答案是「大概做做就行了」，只要其中一件以上草率應付，就有機會實現這個排程。當初除了工作以外，還有研究所、YouTube 頻道經營、外包影片編輯要做，就算只選一個也屬困難，何況是要我全都付諸百分之百的力氣！老實說，當初我選擇「大概做做就行了」的領域是研究所（對不起了，教授）。

就讀研究所時，我為了讓自己的工作能力更上一層樓，選修了數據分析和統計學，但到了第三學期我迷上 YouTube，一步步改變人生的軌道。相異於報考研究所的初衷，我的心思漸漸投入頻道經營，甚至為自己的編輯能力受到肯定感到得意，連外包影片編輯這樣的副業都來者不拒。

以至於對研究所學業的心志已和從前大不相同，首要順位變成最後順位，不只簡單帶過考試前的準備，論文也敷衍了事，就算最後取得文憑，對我的意義並不大，畢業證書看來已無用武之地，我也缺乏應用它的能力。

就在這時，來到繳納第四期學費的時期（共五學期），我思

考著是否該休學。念研究所即使只是到班上課，也需要投入大量的時間、金錢和精力，再加自身的正職，想要配合課堂時間，並非一件容易的事。不僅一週要有兩天必須比平時早三十分鐘以上出勤，以當作提前三十分鐘下班的條件，還要為了這三十分鐘用掉半天事假，才能先下班，十分看人眼色。從公司到研究所的距離也不短，要花上一小時，以至於每次下課回到家都已經晚上十二點。

不光是我，我的老公同樣付出了寶貴的時間。因為從學校搭乘大眾交通回家耗費超過一個半小時，老公每週有兩天必須到學校接我下課。現在回想，**我那缺乏輕重緩急、毫無頭緒的生活方式，不但影響自己，好像還奪走家人可貴的精力。**

當時付出的費用也相當驚人。以一學期的學費六百萬韓元計算，如果中斷將能省下兩學期共一千兩百萬韓元的學費，只是浪費了已經繳交的一千八百萬韓元。光從這些可見的時間和資金來看，已經相當不得了，如果再計入那段期間，用剩餘的精力實踐其他事情的機會成本，將是一筆可觀的投資，儘管如此，我依然無法下定決心，最終還是繳了學費。假如第四、第五學期時，我能夠決定事情的輕重緩急而放棄研究所，用那一千兩百萬韓元投資股票，結果會不會更好呢？

情況可以改變，心態也是同樣，這並不成問題。事情的關鍵在於我們沒有釐清改變的情況和心態，不斷把其他東西加諸其上，以及毫無準則，盲目追求當時渴求的事物。於是，懷抱所有想望的我只能終日勞碌，並沉浸其中，連問題出在哪裡都不知道。

有很長的一段時間我都這樣生活，直到明白「斷捨離」才是第

一順位。當時我以為那樣就代表過得很好，但現在已經了解，自己不需要同時完成所有的事，也無法做到所有的事。暫時不去做想要做的事情，並不表示放棄它，而是選擇先讓步給更重要的事。

取得成果並保持生活平衡

人不會輕易改變，我仍舊是個「還想做點什麼的人」，但本質已和過去不同。離開公司兩年後，我一步步成長並取得成果。持續經營 YouTube，並組成時間管理團隊。此外，還嘗試以內容包含「六區塊時間分配法」的《6 區塊黃金比例時間分配神奇實踐筆記》進行群眾集資，最後成功獲得 1224% 的贊助，今年則將時間管理秘訣整理成書，發行出版。如今，我的能力不再侷限於採集雜蜜，還能夠製出上等蜂蜜。

人際關係上，我和他人相處的品質也變得更好。現在就算只和對方見一次面，也能保持深刻的印象，並且聚精會神展開對話。

同時也減少體力透支的機會。以前時常到處奔波卻未顧及自己的體力，等到要回家時，就連一個小小的手提包都嫌笨重，一進家門立刻累得不知倒地的狀況更是屢見不鮮。可是現在我會在體力耗盡前，就先回家充電。

現在我會做一些獨處時想做的事情，對整體生活的滿意度自然隨之提高，雖然我依然是「還想做點什麼的人」，卻過著截然不同的生活。你不好奇我的改變嗎？你難道不想要拾級而上，持續獲取成果，現在我會擁有一個幸福滿足的人生嗎？

排序衡量，
成就幸福的「斷捨離」

只顧著採集雜蜜，忙得不可開交的我，如何脫胎換骨，成為能夠製出上等洋槐蜂蜜的蜜蜂？

雜蜜和洋槐蜂蜜最大的差別在「是否專注於其一」，有效時間管理的關鍵同樣也在「選擇和專注於最優先的事」。不能貪戀所有美麗的花朵，而把洋槐放在第一順位，對其他的花視而不見。

那我是如何變成一個能夠按照優先排序取捨的人？誰都知道取捨和專注十分重要，但很多人無法辦到。我在過去的數十年心知肚明這點，也是從未實踐。

使我產生巨大變化的契機是「斷捨離」。我不只想做的事很多，想要的東西也很多，當環顧四周，會發現房子裡到處可見自己過往和現在的慾望。從某個時刻開始，發現這些物品對我來說是種壓迫感，所以開始嘗試「極簡生活」。

這個念頭來自於日本極簡主義者，佐佐木典士（Fumio Sasaki）先生的一張照片。照片中的房間沒有任何多餘之物，表現出了一種平靜，我渴望那樣的平靜，因此開始清空自己的東西。回想起來，

遇見「斷捨離」，正是我開始時間管理的起點。

第一次接觸極簡主義的人多半和我相同，覺得清空物品很困難。對於這樣的我來說，最有助益的標準就是「限制空間」。原則上，只選擇放得進有限空間中的東西，超出範圍的物品必須毫不留情地捨棄。按照這個標準，不斷思索該丟掉什麼和留下什麼，然後清空。透過反覆這個過程，我可謂接受了時間管理核心概念中的「優先排序抉擇」實戰訓練。

多虧這樣持續衡量必要和不必要的事物，並從中抉擇、鼓起勇氣斷捨離的訓練，我才得以在人生中的轉捩點做出重大決定。

我選擇了辭職。

優先排序，衡量最重要的事

「丟東西丟到最後，決定丟掉公司」這件事或許會令人覺得有點荒謬。但我的確藉由斷捨離的經驗，獲得拋棄公司的勇氣。為了不再回到從前那般對任何事都不滿意的生活，我不斷自問輕重緩急，再三思考才下定決心選擇離職，走上自己的道路。

不是有人說職場生活會在第三、六、九個月時面臨撞牆期嗎？凡是有職場經驗的人都會歷經週期性的起與落。人在習得分出輕重緩急的能力之前，會用各種方法度過那個階段，可能會試著找出外部因素，也可能讓它隨時間流轉消逝，或是選擇離開。

工作十年後，我出現比從前更強烈的離職慾望，這讓自己感到驚慌和混亂。所以我拿出白紙，寫下公司賦予我的那些重大價值，

從中選出幾個詞彙，例如工作的滿意度、薪資、與同事間的人際關係、企業文化、公司聲譽或未來展望等。然後試著比較我對工作最感興趣的時候和現在，究竟出現什麼改變，才讓我起心動念想離開本來很滿意的公司？我分別列出「對工作最感興趣的時候」和「現在」的優先排序。

發現隨著時光流逝，全都出現了變化。我必須根據不同的狀況，做出相應對策，先寫下目前仍是首要條件的工作滿意度，以及和從前感覺不同的原因，接著列出對應改善方案。

過去上班憑的是對工作的高度滿足，現在為什麼會變得這麼低？我在前篇曾說過，自己所負責的業務種類繁多，但忙碌之餘始終拿不出成果，導致工作滿意度日漸下滑。然而，決定業務優先順位的權利並不在我手中。由於公司屬於組織社會，有時候「叫你

當時和現在，不同的優先排序

	對工作最感興趣的時候		現在
工作	有趣 ↑		無趣
薪資	滿意		比起過去更高，但覺得少
人際關係	一般	vs.	一般
企業文化	一般		不好
公司聲譽／福利制度	重視		不再重視
展望	魅力 ↑		魅力 ↓

做，你就要做」，換句話說，上司如果無法分辨輕重緩急，或是和自己的意見不同時，便很難有效改善這種情況。

再來是薪資，從前覺得這種程度已經綽綽有餘，可是隨著我的經濟觀念改變，對於薪資的看法有了一百八十度的轉變。按照這個趨勢發展，我不太可能變成「有錢人」。我期盼付出的努力以及取得的成果能和薪酬相應，不只求安穩，而是希望有個高報酬的獎勵機制。但對公司來說，這是不可能的事。當我說要離職時，身邊有很多人問我：「就算錢賺得比較少，能夠過得安穩不是更好嗎？」然而，我想要的是遠超過當時薪資的財富。

企業文化也是同樣。新人時期和對工作最感興趣的時候很難看清企業文化，當下的注意力多半放在眼前的工作。不過在各種錯縱複雜的原因影響之下，對企業文化的不滿也日益增加，而文化很難憑藉一己之力扭轉。

以這種方式列出優先排序、分析原因、試想改善方案之後，癥結就會明顯可見。糾結的煩惱現出原形，要求我做出決定：「不要再猶豫不決了！」

走出舒適圈的勇氣

在心理不安的時期，選擇不辭職需要勇氣，選擇離職也需要勇氣。當自己已經無心於此，想留下來就必須再次定義那些無法自行解決的工作，重新調整在公司扮演的角色，但這並不容易。這個選擇就像是想和已經漸行漸遠的戀人好好相處一般，十分艱困又讓人

沒有把握。

離職同樣需要勇氣，我對自己能做什麼感到茫然，也需要經濟上的替代方案。不過，我當時並沒有明確的答案，真的需要勇氣才能走出舒適圈，想方設法生存下來。

無論如何我都必須做出決定，最終斷然離職。假如沒有透過「斷捨離」明白何謂輕重緩急，在生活中積累經驗，我是無法做出選擇的。說不定只會在對優先排序一無所知的情況，利用痛罵公司作為感情宣洩的出口且虛度光陰。藉由思考和選擇優先排序的習慣，我告別十一年的職場，選擇以不同的方式工作迎來新挑戰。

捨棄掉影響空間又不必要的物品，只將自己想要的事物帶入生活中的理念，是我想要傳達的時間管理概念中最重要的一環，它成為了所謂**「縮減無謂的事物，做自己想做」**的生活價值觀。

如果你認為時間管理很難，請先試著清空自己的小抽屜或書桌吧。假如想改變人生，就先從小東西開始著手，思考是否該繼續留在身邊，持續累積這些取捨的力量，在面對人生重大抉擇時一定會有助益。

建立系統，
持之以恆的秘密

　　人生沒那麼容易！如果單憑自己比從前更明白輕重緩急，就認為整個人生都能如願以償，那就大錯特錯。我們可能因為時間不足，無法全然專注於優先排序；或是經常因為體力不支，導致無法完成計畫；也或許自己原本以為的優先順位，其實並不是真正的首要排序。

　　而最大的問題就是突然插進許多想做的事，再度成為一隻採集雜蜜的蜜蜂。時間管理對我來說真的很難，如果要打比方的話就是「三寒四溫」＊。假設前三天打魚，到了第四天也會中斷，難以長久堅持。像這樣依照自己的心情，雜亂無章的生活方式，讓我發覺自己需要一個好系統。

　　「系統？系統？好系統！」

　　「系統」是我的專職，在這個領域我比任何人都有自信。簡單

＊譯註：韓國的冬季氣象之一，比喻前三天若是寒冷的話，會在第四天回暖。

來說，當時我在醫院負責建立安全系統。

我建立這套系統，是用來確保接受治療的患者從打開醫院大門那刻起，直到離開醫院，都能安全無虞。大眾也許會認為患者安然無事完成治療返家，不過是理所當然，事實上卻不簡單。為了協助你理解，這裡舉一個到醫院看診的例子來說明。

到院掛號時，掛號櫃台會從無數同名同姓的人當中找到你，幫你登記。檢查室的臨床病理師則會一字不差地用你的名字記錄血液檢驗結果；其後，當護士在診療室外唱名時，即便有三個姓名和你相似的患者同時回應，也有辦法確認究竟是否輪到自己；醫生會以你的診療紀錄開立處方，不會錯用其他患者的紀錄；到了藥局，藥師會根據處方內容配藥給你。

最後，院方會保障你走到停車場的途中不會因為路滑摔跤，可以平安上車回家。

這是個簡單的門診範例，但即便是如此簡單的過程，也會因為患者個人的動線出現變數。一個微小的錯誤便牽涉到生命安全，屬於院方的過失。為了防堵這類問題，我設計出一套系統並且製作相關裝置，以利院方及早發現，不讓錯誤影響患者。

系統之所以重要，是因為醫院屬於自動化受到限制的勞力密集事業。假設經手的人不同，品質就會隨之出現差異，有誰會相信那家醫院？系統的核心目標就是讓任何一個具備資格的人，都能呈現相同品質的成果，就算是剛進公司三個月的新進員工也不例外。這就是所謂的系統。

幫自己的人生建立管理系統

回到「我的人生中是否存在『系統』？」這個問題。假如結果總是依照自己的心情或外部因素變得不同，我該認為自己的人生有系統嗎？恐怕這不算是系統。因此我下的結論是，我的人生不存在系統。

這令人震驚。當初我為了創建醫院系統，甚至還熬夜加班……卻沒想過幫自己的人生創建時間管理系統！醫院和個人系統的共同點在於無法完全自動化，有很多事情不得不以人工方式處理。我在一家遠比個人時間管理還要複雜的大型醫院，看著超過一萬名的員工透過精心設計的系統順利完成工作，從中學習到一件事。

我相信如果能在個人時間管理上套用恰當的「系統」，就能擺脫依照自己的心情，三天打魚、兩天曬網的工作模式。於是，我決定替自己建立「時間管理系統」。

時間管理系統的 三大原則

我決定替自己建立「時間管理系統」。

目前為止，我在創建醫院系統、改善問題點時，最重要的關鍵是什麼？我從許多重點中選出下列三項。

1. 必須很簡單。

2. 必須採取直覺式思考。

3. 必須反覆 PDCA*（計畫→執行→查核→行動）循環。

將這三項原則帶入目前的時間管理方法，去思考問題是什麼，需要修正又是哪些部分。

第一項原則，必須很簡單

從許多事例中發現，當系統愈複雜，出錯的機率愈高，執行度

＊譯註：Plan、Do、Check、Act 的縮寫，是品質管理的方法之一。

也會跟著下降，所以必須盡可能簡化經常發生錯誤的地方。

我們可以打破金字塔結構，縮減溝通程序；例如多備有乾洗手裝置，簡化動線，讓進入醫院的人隨時清潔雙手；準備手術時，將所需用具整理成套放在一起，避免遺落任何東西。精簡複雜程序是很關鍵的解決辦法，效果也很顯著。

迄今為止，我的時間管理做得如何？無法光用複雜或簡單定義，應該說是參差不齊。當我滿腔熱血的時候，會以小時和分鐘為單位，寫滿紮實的計畫；但有時只會寫上簡單的確認清單，甚至覺得不耐煩時，什麼都不會做。我個性相當懶惰，時常依照心情和體力隨便行事，除非對某件事著迷時才會認真埋首。所以急需一個能堅持下去的簡單方法，讓我不管是活力充沛、感到厭煩、生病或疲憊時，都能不間斷的實踐。因為假如難以堅持，它很快就會失去系統應有的功能。

有鑑於此，我第一件做的事，便是丟掉以小時和分鐘為單位的計畫表，拿出便條紙寫上一天最首要的四件事，分別是「讀書、上班、上班、YouTube 影片編輯」。這個排序是指早上到公司前，先簡短地讀書，然後再去上班；下午則繼續上班，等到下班後進行 YouTube 影片編輯。省略無謂的內容，只把最重要的四個關鍵字簡單記下並放入腦海中。無論是誰都能記住四個詞彙。

上週和這週並沒有太多的改變。除了改成記下四個關鍵字以外，生活同樣忙碌。儘管如此，我還是經歷了一些珍貴的變化。原本每天睡前躺在床上時，總是納悶：「我今天做了哪些事呢？真的很忙呢……不過一點都想不起來了！」但自從開始記錄一天的四個

關鍵字後，能一邊回憶：「今天下班後，又編輯了一部影片，真是充實！」一邊進入夢鄉。

 vs.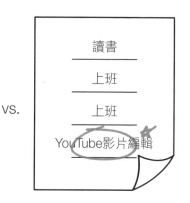

不以「七點至八點：晚餐、八點至九點：整理和休息、九點至十一點：影片編輯」這樣的方式記錄，改成只把「影片編輯」這個詞彙放入腦海後，計畫變得更容易實行。我能在吃完晚餐看著電視時，想起自己還要處理影片，立刻關掉電視；抑或在下班時，就算

朋友說要一起出去玩,也會記得婉拒對方,回家完成想做的事。

就這樣,從一天訂出四個詞彙開始。不用按照時間順序,密密麻麻記下待辦事項,而是以重視的程度選出核心關鍵字,去除和累贅物一樣的東西。我用幾個重要的詞彙總結一天,就得以更妥善處理自己覺得重要的事情。後來,一天從四個詞彙變成五個,最後是六個,也就是現在的六區塊基礎概念。

請銘記,六區塊核心要點是把重要的事情當作關鍵字,用六個詞彙摘要一天,讓人一目瞭然當天的輪廓。

第二項原則,採取直覺式思考

如果已經簡化複雜的事物,那接下來要做的就是直覺呈現它。直覺式表現通常可經由一般的設計來解決,常見且有效的方式有顏色或圖示等。

舉例來說,假使醫院大廳太大,患者找不到路時,可以在地板用顏色幫助識別方向,這和在高速公路畫上綠色箭頭＊是一樣的道理。如果想到血液檢查室就跟著紅色指標走,想到 X 光室就跟著黃色指標走,以各色指標引導路線。

再舉一個例子,「這是很危險的藥物,服用時請務必留意。」這件事不用嘮叨寫下長篇註記,只要在包裝用紅字標記即可。

＊ 譯註:韓國會於高速公路標記不同的顏色,引導行車方向。

Potassium（鉀離子）對人體來說是不可或缺的電解質，因此醫務人員經常使用，但如果注射錯誤的劑量會致使心臟停止跳動，是種危險藥物，可是鉀卻和生理食鹽水保存在相似大小的容器裡。想要建議製藥公司更換容器並非易事，所以醫院將鉀瓶另外區分，放進紅色的盒子，以提高使用者的警覺心。

這種用顏色或圖示協助直覺思考的方案，往往比文字帶來的效果更好。那「我的一天」又要如何直覺式表現？

目前已有許多工具能輔助大眾直覺思考，最具代表性就是時間區塊（Time-Block），它是一種以工作項目為單位分配時間的方法。我們就讀幼兒園時看到的圓形時間表，也是一種時間區塊的表現。例如畫出睡眠時間的面積，標示「夢鄉」，還畫上星星月亮；此外，也會額外騰出「假日作業」欄，並畫上顏色。我從這個時候開始就已經是「還想做點什麼的人」，總是把圓不斷切割、切割、再切割，想充實地填滿內容。然而我卻總是在收假三天前，一邊被媽媽訓斥，一邊哭著完成延遲的假期作業。

早在幼兒園和國小時期，我們就習慣利用時間區塊管理，谷歌（Google）行事曆同樣採用了時間區塊，只要寫上「開會」，然後按照會議時間擴增面積即可。除了上述範例，許多計畫表亦套用這方法，想想從幼兒園開始，其實就有如此好的時間管理工具伴隨左右，但為何過了數十年，生活中的計畫和行動依然形同陌路？究竟我的癥結是什麼，才導致現有的時間區塊管理成了無用之物？

以結論來看，**問題出在「我覺得二十四小時都很重要」**。我需要一個固定格式，記錄每一天選出的關鍵字。其次重要的是**「關鍵**

字」，它必須直覺表現且凌駕於「時間」。時間是一個標準，但重點不在寫出那段時間要做什麼，而是重要的事情是什麼。例如：不應是「晚上八點：影片編輯」，而是「影片編輯：晚上八點」。

　　或許有人會問有什麼差別？對我來說，不同的「基準」會造成極大的差異。假如以晚上八點為基準，但到了八點還在進行上一個工作，而有所延遲，就會想著：「啊……超過八點，是影片編輯的時間！看來今天沒辦法做了。」但如果是以影片編輯為基準，就算延遲也會認為「睡前一定要完成影片編輯」，不會輕言放棄，有效掌握核心重點，因為現在是晚上八點或九點並不重要。

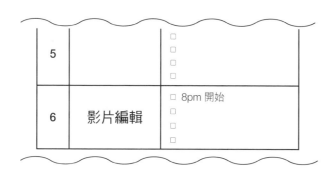

　　我需要的是這種涵蓋重要事項的格式，可以標記出核心詞彙，而非時間。當然偶爾也有必須詳細規畫時間，需要待辦清單（To-Do List）以防自己忘記的情形，這種時候只要將內容標註在相應的核心詞彙旁邊就好，重點在於每天的六個詞彙、這成為了《6區塊黃金比例時間分配神奇實踐筆記》現行的日常表格。

第三項原則，PDCA 的反覆循環

反覆進行「計畫→執行→查核→行動」是所有系統的核心概念，讓人持續遵循上述的第一項和第二項原則。專業術語中，稱其為 PDCA 循環（Plan→Do→Check→Act cycle）。

十月六日

1	晨間例行公事	☑ 拉伸 ☒ 看報紙 ☐ ☐
2	上班	☐ 回覆郵件 ☐ 10am報告 ☐ ☐
3	上班	☐ ☐ 2pm開會 ☐ ☐
4	上班	☐ 4pm整理會議內容＆傳達 ☐ ☐ ☐
5	休息	☐ ☐ ☐ ☐
6	影片編輯	☐ 8pm完成剪輯 ☐ ☐ ☐

在醫院任職期間，我不僅透過 PDCA 循環進行改善活動，且確實履行 PDCA 循環的專案全都取得了良好結果。專案執行前，反覆計畫、測試是否可行、查核是否改善、矯正問題點，然後重新計畫的過程，帶給患者和醫療團隊更好的成果。這不是故意找事做，而是因為它能帶來實質上的改變，因此我深刻體會 PDCA 循環所擁有的強大效果。

我也該套用 PDCA 循環在自己身上。仔細想想，有幾個原因致使我不斷反覆在三天打魚、兩天曬網的週期。如果現實情況和原本制訂的計畫有變數時，我便無法彈性應對；或是忘記待辦事項，沒有按照預設行動，都讓我無法進行下一階段。天啊！原本以為自己遠比其他人了解 PDCA 循環的重要性，但竟然從未在生活中運用，這讓我受到衝擊，所以決定立刻將它導入我的生活，希望透過這點，擺脫舊有的思考慣性。

另一個重點在於「計畫→執行→查核→行動」的循環，也就是說，必須反覆進行，重複愈多次則愈有效。因此，我分別訂出每日循環和每週循環，詳盡內容將於第六章仔細論述。

把這三項原則應用到我的生活以後，實現了現在的「六區塊＋系統」。假如僅有第一項和第二項原則，只能構成六區塊的概念和形式，並會因為缺少第三項原則，難以當作「系統」持續應用。同理，假如僅有第三項原則，缺乏六區塊的概念，這個系統也不會有效。唯有六區塊和可以重複實行的工具，才得以完備一個強大的系統。

重新開始的力量

　　這兩年來，我持續在生活當中應用「六區塊時間管理系統」。不管在活力充沛、生病或疲憊、忙得沒有時間的情況下，都能堅持這個方法，並拿出成果，我應該可以說自己擁有了一個良好的「系統」吧！

　　離職後，我可以很自信地說，儘管少了在職中對我要求的主管，我還是能夠妥善運用這些過剩的時間並拿出成果，這套系統讓我持續以影片、文字、照片創建專屬於自己的內容，領導時間管理社群「時間區塊團隊」，以及出版夢寐以求的書籍。我從三心二意的雜蜜蜜蜂，變成了持續收藏同一種上等蜂蜜，得到成果的蜜蜂。

　　這套系統在心理上也有很大的幫助。離開公司獨自工作雖然有很多好處，但長期下來很容易陷入低潮，多虧有它引導我每天、每週檢視自己的時間管理，才沒在這段期間內崩潰。現在想起來，這段期間我其實累積了不少成果，只是度過的每一天太過漫長，偶爾會因為看見從事相關行業的人發展得不錯而焦慮不安，或是因為不穩定的收入感到難受。然而系統讓我不再被這些大大小小的事情所動搖，給了我重新開始的力量。它除了協助我專注於今天該做的六項重點，忘記其他事情，還找出計畫可行和不可行之處，給予明天重新開始的力量。

　　我不禁思索：「如此有用的時間管理系統只對我管用嗎？是否對其他的人也有幫助？」如果有「系統」，就算換個人來做，也不會產生不同的結果，所以我開始募集和我同樣「還想做點什麼的人」。

習慣難改變？
有好系統就能做到

你曾經寫到日誌本的最後一頁嗎？就我個人的經驗，無論是每年煞費苦心挑選的日誌本，或是認真蒐集星巴克點數所換來的日誌本，任何一種都無法撐過三個月。我想應該不只有我這樣。

另個例子是，近期由於肺炎疫情影響，很多人收聽線上課程，不過韓國國內線上課程的學員完成度約莫落在四至七％，不同新聞媒體的數據可能會有些微落差，但相去不遠。換言之，一百個人當中僅有不到十個人完成課程，剩餘的九十多人無法堅持到最後，正如同只寫到三月的計畫表，儘管如此人們仍然年年買日誌本。當一直想要改變，每年都下定決心，卻老是努力到三月就失去耐性，想改變自己這件事，竟然如此困難。

可是，自從建立「六區塊時間管理系統」，我在這兩年期間持續使用著日誌本。在每天就寢前回顧當日完成的事，然後規畫隔日該做什麼，居然持續兩年！**將良好的系統帶入生活後，我真的變得不一樣了**。坦白講性格其實一點並沒改變，但現在能夠在最短的時間內，快速阻止自己再度變得消沉。

從前，沒有任何事可以拉我一把，計畫和行動形同陌路，看不到任何成果。就像在自導自演，獨自燃燒所有熱情，然後變得疲憊，不斷反覆這樣的過程。不過，有了這套系統後，不管熱情洋溢或疲憊不堪，它都能帶領我堅持下去。

身為「還想做點什麼的人」，我對很多事情都充滿好奇。當活力充沛時，腦海中總是湧現許多想法，令人十分焦躁，如果是從前，我應該會把所有的事一股腦放進行程表裡。但現在對我來說，一天內能夠記錄的重要事項只有六個欄位，超過六項時，就算把剩下的硬擠進欄位，我也不會照做。因為欄位只有六個，假如有很多想做的事，就必須想清楚決定該選哪一個。透過這個過程，得以讓躁動的自己恢復冷靜，專注於更加重要的事情。

在傍徨迷思中，找到方向

同樣地，當我氣餒時，系統也會提供協助。我是一個相當重視工作目標和動機的人，這同時是促使自己行動的原動力，可是目標並不會一直處於明確的狀態，畢竟人生沒有這麼容易。辭職前，雖然不能說我對醫院的工作有什麼遠大目標，至少我很自豪所做的事能幫上患者和醫療團隊，憑著這個明確動機，我得以有所作為。

但離職後我曾感到傍徨，因為工作的目標和動機產生動搖。「我是為了什麼工作？還能做些什麼去幫助其他人？如果不是為別人，單純考慮自己，這件事值得嗎？」種種問題不斷浮現，卻找不到答案。目標既不明確，也不像在公司時每件事都有時限，就算不

去做某些事，也沒有人責備我。這種狀況令我非常沮喪，感覺會這樣虛度光陰，害怕自己會在追求吃飯、睡眠這樣基本的幸福時，就此安靜地消失。

身處這種時期，支撐我繼續向前走的便是 BLOCK6 系統。當覺得每件事都讓人厭倦時，它讓我試著寫下一天的六個詞彙，並且每週定期回顧，協助穩住腳步。如果沒有它，說不定當時我會放棄日常生活陷入徬徨，甚至直到如今都還迷失在某個地方……。

對我來說，BLOCK6 系統是一個出色的「心律調節器」，當順利前進時，它會設法讓我不會太過躁進；當漸感無力時，它會鼓勵我現在做得很好。兩年多來，它協助我思考輕重緩急，讓自己不錯失重要的事物且給予支持，我才能在這場人生馬拉松中持續奔跑，不知疲倦。腳步相較從前更加穩定，即便跑得太累，改成步行時，也沒有放棄。現在就算暫時停下腳步，依然清楚知道自己該往哪裡走，不會失去方向。

重新選擇自己人生的勇氣

儘管如此，假如只適用在我身上，它能被稱為效能良好的「系統」嗎？我和擁有不同性格、職業、年紀的時間區塊團隊成員們，持續透過 BLOCK6 系統進行時間管理。藉此，我能夠肯定「BLOCK6 系統」確實發揮「系統」功效，無論是誰使用它，都能確保同樣品質。

下面這個故事來自團隊中，正在準備博士論文的慧玲。記得第一次遇見她時，我對於她那寫得密密麻麻的計畫表感到十分訝異，

但如今她的計畫表比誰都寬裕。

「前三個月左右，我的計畫表真的填得很滿，仔細想想，似乎是因為喜歡把時間用在寫計畫才會那樣，所以我慢慢改變自己的想法。『與其耗費時間填寫計畫，不如將時間集中花在我想要做的事。』你問我的計畫表怎麼會變得這麼從容嗎？因為現在已經明白如何分配時間，確切了解區塊內該做什麼，所以幾乎沒有需要填寫的事物。儘管最近只寫上重要的關鍵字，感覺空蕩蕩的，並不代表我沒有努力生活；相反地，甚至比過去更專注於自己的論文。我認為自己透過 BLOCK6 系統，找到獨有的『縮減無謂的事物，做自己想做的』信念。」

接下來的故事來自於覺得自己「想做的事情應該有一百萬件」的素恩，她目前一邊養育著四歲的小孩，一邊體驗著回鄉生活。同時遇見 BLOCK6 系統和回鄉生活的她，有怎樣的體悟？在眾多想做的事情，如何發覺充實自我是最重要的事情？某一天，素恩這麼對我說。

「我想做的事很多。不僅想學編輯、創建 IG，也想學書法，還有我想煮美味的料理給小孩吃，和農村的人好好相處。另外，也想繼續練瑜珈，為了實現品牌夢想，我還想念書！可是，現在我知道比起這些，充實自我才是最重要的事。我必須做好健康管理，靜下心來，花時間把注意力放在自己身上。」

「我透過每天堅持選出六個關鍵字來思考目標。不斷反問自己：『為什麼會選這個當作目標？其他目標不重要嗎？為什麼？』

然後得到了答案。這一百萬件想做的事情，全都出自於我想找回失去的自我，因為覺得如果多學習些什麼，便能再度充實自我。轉換為母親的角色至今生活了三年，一直在錯誤的地方尋找『不得已放棄的自我』和『失去的自我』，但現在我得到了結論。現今最珍貴的就是『自己』，必須先充實自我，然後下定決心，不需要急著一次做完全部的事情，一點一點慢慢完成就好。」

最後的故事來自目前任職國小教師的善民。

「由於疫情緣故，加上必須保護學校的孩子，有段時期我只能獨力育兒，忙得不可開交。那時曾嘗試許多知名的計畫表，但因為寫得太過複雜，反而帶給自己太大的壓力，只實行幾星期就放棄。後來，接觸到 BLOCK6 系統，我不喜歡複雜的規則，但它很簡單，在每天要做的無數待辦事項中，有些事就算沒寫也會去做，例如照顧小孩，但是一般的計畫表就連那些都包含在內，讓我感到疲憊。系統幫助自己，能俐落整理日常忙碌中必須做的事，讓我找回生活的空閒。」

團隊成員裡有很多和他們一樣，找到自己的平衡，專注於自身成果表現的故事。這些故事將另於第七章詳細論述。透過 BLOCK6 系統，藉由持續對自己的生活發問、尋找優先排序、鼓起勇氣捨棄無關緊要的事情，成為一隻幸福的蜜蜂，獲得力量選擇自己的人生。看著成員的變化過程，我如此確信。**「縮減無謂的事物，專注於想做的事！人雖然很難改變，但有良好的系統就可以做到！」**

2

BLOCK6 系統，
視覺化時間價值

第一階段：
將一天分成六區塊

視覺化時間的關鍵

來做個小測驗，請你在三秒內回答。如果一天有二十四小時，那一星期有幾小時？二十四小時×七日＝？

三秒二秒一秒，請回答！

想要妥善管理如此大量的時間，就如同想在三秒內計算這個問題一樣困難。就算不引用彼得・杜拉克（Peter Drucker）的名言：**「你無法管理你無法衡量的事物。」**生活中仍有許多例子可以證明這點。

當我開始執行斷捨離，最先選擇的是清理書櫃，因為和衣櫃、鞋櫃或堆滿雜物的倉庫相比，這裡看起來最簡單。儘管如此，整理書櫃也不是件容易的事，當站到書櫃前準備動手時，我突然感到不知所措，光是苦惱究竟該清理掉哪些書、清理的標準是什麼、該從何下手等等，就令人不禁嘆息。

我們可以透過雙眼觀察書櫃的狀態，確認書櫃是否需要整理。

如果書和書之間的縫隙連手指寬都不剩，想抽出一本書也很困難，甚至書上的空間也橫躺著其他書籍，堆積得讓人窒息，自然會有「該整理書櫃了」的想法。

但是，時間無法如此。無論積壓得多麼讓人窒息，或是整理得井然有序，都無法用肉眼辨別。以我的經驗來說，當浮現「好像該整理了，我似乎太貪心了。」這種念頭時，往往已經釀成問題。我總會以意志力硬撐，直到身體吃不消，或是在某一天突然感到倦怠、什麼都不想做，抑或事情嚴重推遲，以至於需要到處賠罪，尋求諒解時，才會發現有什麼不對勁。時間這類無形的事物，真的很難看出當下的管理狀態。

限制空間

不光是書櫃，整理其他物品時，我強調的只有一個公式，就是「限制空間」。假如書櫃只有一個就用一個，有兩個就用兩個，保有書籍絕不能超過這個空間；衣服、盤子、鞋子和衛生紙也一樣。以這種方式限制空間的話，會帶來兩個優點。

其一，清楚明白自己想要的東西是什麼；其二，能夠鼓起勇氣抉擇想要的東西，捨棄其他。如果沒有限制空間，你可能會覺得這本書好像需要，那本書總有一天會看，無法下定決心。但如果書櫃剩下多放一本書的空間，手中卻有三本書呢？

首先，我們會苦惱到底該留下三本中的哪一本，此時會藉此思考自己的情況、喜好、未來方向等，了解自己究竟想要什麼。再者，了解和付諸行動其實有很大的差異，當我選定其中一本書，必

須要有勇氣捨棄另外兩本，然後確實執行。雖然只是限制空間，但對於如何選出優先排序會變得簡單許多。

時間也是大同小異。我們在什麼時候會比平常更用心，會更想辦法拿出成果？正是時限結束的前一小時。這時候，人會非常明確感受到時間的限制。當可用時間僅剩一小時，我們不會漫無目的地滑手機看新聞或玩社群軟體，甚至連電話響了也不會接。為什麼會這樣？因為在僅存的一小時內必須做的事情很明確，其餘的事絕對不會列入優先考量。

不過可惜的是，當這一小時結束後，我們將再度覺得時間沒有極限，難以感受時間的限制，就像雜亂無章的書櫃，時間也亂成一團。為了防堵這種惡性循環，**唯有量化時間，限制其範圍，才算是真的將時間視覺化。**

我那總是失敗的暑期圓形時間表，以及將一天以小時、分鐘為單位訂立的計畫表，皆是量化時間的工具。但即便用了這些工具，計畫和行動依然形同陌路，問題就出在沒有感受到時間的限制。因此，真正有用的時間管理工具不僅需要量化時間，也要讓人感受到時間有限才行。

將時間視為有限空間

你經常聽線上課程嗎？當走過新冠肺炎這段漫漫長路後，相信對於線上課程已經更熟悉，也誕生了無數的線上課程平台。我身邊有很多人，明明沒在聽，卻購入了堆積如山的課程。你也是這樣嗎？如果換成實體課程，絕對不會有這麼多只付款不聽課的事情發

生，差別關鍵在於認為自己「沒有時間去上實體課」。選擇課程時會計算自己是否能夠配合課堂時間往返教室，自然地判斷「可行／不可行」，但線上課程的付款方式遠比實體課程簡單，也讓人感覺較容易抽出時間配合。事實上，線上課程或實體課程耗費的時間並沒有太大的差異，只是我們忽略了線上課程的時間限制。

這種情況只會發生在線上課程嗎？不知道什麼時候會看，但看起來很有用，所以先買單的付費專欄；覺得加入的話，應該也不錯的各種社團；以為時間充分，事先約好的多場聚會，弄得整天疲於奔命的週日……。為了防堵這種惡性循環，最重要的就是將時間視覺化，化作一個有限的空間。

據此，我將一天分為六區塊。以用餐時間為區隔，分成早上兩區塊～（午餐時間）～下午兩區塊～（晚餐時間）～晚上兩區塊，把時間視覺化。然後每天只允許放入六項粗略的重點，讓自己感受到時間的限制。假如有想上的線上課程，必須先確認六個區塊中是否有空格可供使用；假如沒有空格，不可強行加入。如果非做這件事不可，必須先移除原有六項的其中之一，才能新增此項。正如書櫃的空間有限，如果想在滿載的書櫃中多放一本書，必然先拿出其中一本。這就是真正的時間視覺化。

現在來重新進行剛開始的小測驗，請你在三秒內回答。如果我們一天有二十四小時，那麼一星期會有幾小時？二十四小時×七日＝？

三秒二秒一秒！

答案是一百六十八小時。

十月六日

1	晨間例行公事 （上班準備、拉伸運動、讀書、看新聞）
2	上班
3	上班
4	上班
5	運動
6	休息

我想聽「線上課程」……
該放到哪一區塊？
該在晨間例行公事中，
捨棄讀書和看新聞嗎？
還是取代休息區塊？

再出一個題目，從今天起，當每天有六個區塊，那一星期有幾個區塊？六區塊×七日＝？

四十二！正解！

沒錯，現在起一天不再是二十四小時，而是六區塊。一星期不再是一百六十八小時，而是四十二區塊。下面我將介紹，這個以BLOCK6概念為基礎，將時間視覺化的時間管理系統具體的使用方法。

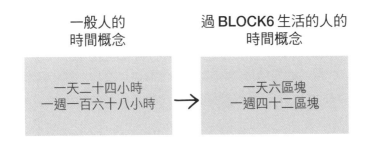

用六區塊打造一天節奏

如果被問到：「你明天有事嗎？」通常會聽到：「我早上會先去公司上班，等下班後再去健身房。」「早上送小孩上學後，我會看書。等他們下課，再帶他們去遊樂場。直到他們洗完澡睡著後，我才有自己的時間！」「上午要開會，下午是自由時間！」等等的回覆。「我七點盥洗，七點三十分吃飯，八點出門，八點十五分搭捷運，八點四十分到達公司。然後在九點前寫下今天要做的事，九點要開會。」我想應該不會有人這麼回答吧？

分割時間後，把所有要做的事羅列出來的那種計畫，就像是一首缺乏「強～弱～中強～弱」表現的無聊歌曲。歌曲如果少了吸引人的副歌，很容易被人遺忘。以小時和分鐘為單位，密密麻麻寫下的計畫表，反倒讓人難以記住需要專注的重點。如果不隨時查看它，很難知道現在該做什麼，今天最重要的事是什麼。

　　就像高人氣電視劇和受到大眾喜歡的音樂都有「強～弱～中強～弱」表現一樣，日常的一天一定也有強弱。當輪到強的時候，就該施力；漸弱時，就該放鬆，這一天才會有節奏。因此必須知道適合施力的位置，假如將一天分成六區塊，自然會看見一天的「強～弱～中強～弱」表現。我們不需要以同樣的強度執行一天內全部的行程，而是根據情況確認是否需要更專注，或是能輕鬆面對，調整投入心力。因為當強弱可以調節，應該施力時自然就有更好的表現。如此一來，經過一天躺在床上準備睡眠時，就不會再困惑：「我今天真的很忙……不過到底做了什麼？」而是可以想著：「我！今天完成這件事！真充實！」然後幸福地入睡。

BLOCK6 的基本概念

　　現在我想先說明 BLOCK6 系統中最基本的概念。把一天分成六區塊，分別是早上兩區塊～（午餐時間）～下午兩區塊～（晚餐時間）～晚上兩區塊，區分上午、下午、晚上的是用餐時間（如右頁上表）。如果將「你明天有事嗎？」這個問題帶入 BLOCK6，答案同下。

　　「我早上會先去公司上班，等下班後再去健身房。」

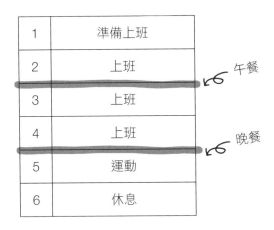

1	準備上班	
2	上班	← 午餐
3	上班	
4	上班	← 晚餐
5	運動	
6	休息	

「早上送小孩上學後，我會看書；等他們下課再帶去遊樂場；直到小孩洗完澡睡著後，我才有自己的時間！」（如下表）

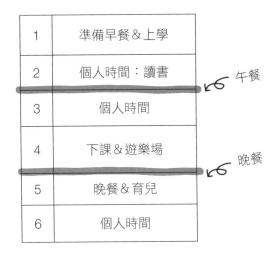

1	準備早餐＆上學	
2	個人時間：讀書	← 午餐
3	個人時間	
4	下課＆遊樂場	← 晚餐
5	晚餐＆育兒	
6	個人時間	

「上午要開會，下午是自由時間！」（如下表）

1	準備早餐
2	開會
	———— ⟍ 午餐
3	自由時間
4	自由時間
	———— ⟍ 晚餐
5	自由時間
6	自由時間

　　如果這樣做的話，等於在這一天的「強～弱～中強～弱」當中，只選擇了「強」。我們不僅要在腦海中用六個詞彙整理出一天的大致輪廓，這些被選出的核心關鍵字區塊之間也該有強弱。

　　舉例來說，假設「準備上班、上班、上班、上班、運動、休息」之中，第二、三、四區塊都是上班，但第二區塊必須最專心。此外，第五區塊的運動需要竭盡全力（如右頁表）。如果學會檢視自己一天的節奏，生活將會過得比以小時和分鐘為單位處理事情的人輕鬆，得以全力專注在重要的事。

1	準備上班	
2	上班 ⭐	↖ 午餐
3	上班	
4	上班	↖ 晚餐
5	運動 ⭐	
6	休息	

第二階段：
回顧前一週，很重要

相較於下週計畫，前一週更重要

如果你已經了解 BLOCK6 的概念，懂得如何將一天分成六區塊，接下來便會想趕快藉由這個方法，著手規畫未來，希望立刻擁有順遂的今天、明天、下週。雖然我知道制訂計畫是多幸福的事情，也不想破壞此刻興奮的心情，但還是想請你暫且停下，思考一下這個問題。

「你上星期怎麼過的？」

儘管制訂了每年、每月、每週計畫，卻仍失敗告終的主因在於，我們總是活在錯覺中，認為只要撕掉上個月的日曆，重回每個月的第一天，生活就能重置。

事實上，就算到了一月一日，也不代表十二月三十一日和一月一日的狀況有所不同。我們不會突然有時間讀書，也不會突然有空運動，然而卻會突然制訂計畫，說要開始運動、每週讀一本書、學習新事物。今天明明延續了行程滿檔的昨日，卻妄想在此基礎上想

添加其他待辦事項。

假如你真的有想要完成的計畫，就應該先準備能實行的空間。想要使延續忙碌昨日的今天擁有足夠的空間，只有「清空」一途，先必須從斷捨離做起。愈重要的目標，愈該事先準備好位置，將它「恭迎」到生活當中。如果不這麼做，只是一味新增待辦，就如同買了一個昂貴名牌包後，居然把它硬擠到已經塞得滿滿的抽屜裡面一樣。**請記住，儘管日曆可以重置，但當下的狀況無法重置。**

因此，制訂前一定要先做一件事，便是回顧過去一到兩週的日常，先掌握自己平常的生活模式，才能夠找出放入新計畫的位置。

掌握生活模式的方法

請先拿出 A4 紙，畫出六乘七表格，當作一週的四十二區塊。然後，在各區塊內寫下前一週的日常。如果有事先寫下的日程表，可作為參考；如果沒有，憑記憶填寫也無妨。內容不用太過詳細，只要記錄運動、讀書、休息、看電視、育兒、上班等粗略的標題。即便只有寫下這些，也能成為診斷自身生活的好時機。

次頁表格是當我還是上班族時，日常生活的模式。週一出門上班前，利用簡短的時間看書，再到公司上班、吃午餐；下午接著上班，吃完晚餐後則繼續加班；回家後的時間通常已經很晚，我會看著電視進入夢鄉。

由於週一加班到很晚，週二我不會提早起床。早上仍然上班、吃午餐，下午繼續工作；下班後簡單吃個晚餐就到健身房報到；結束運動回到家會邊喝啤酒邊看電視，直到睡著。週三仍是看書後才

出門上班，經過白天的工作，本來打算運動，但朋友約見面就取消了教練課，玩到很晚。

	星期一	星期二	星期三	星期四	星期五	星期六	星期日
1	看書	-	看書	-	看書	睡眠	睡眠
2	上班	上班	上班	上班	上班	運動	睡眠
3	上班	上班	上班	上班	上班	婚禮	清掃
4	上班	上班	上班	上班	上班	婚禮	看書
5	加班	運動	朋友	加班	朋友	婚禮	電影
6	TV	TV	朋友	TV	朋友	TV	休息

透過回顧歷程，將大略的關鍵字填入表格。那麼現在回想週末吧？週六睡到自然醒，再去運動吃午餐、參加婚禮，之後回家看個電視就睡著。週日睡到中午，吃個午餐、打掃家裡後稍微看點書；太陽下山時準備晚餐、看場電影，感受著週一即將到來的壓力後入睡。以上就是我身為上班族時的一週日常。

回顧一週常態，絕對是新增計畫前要做的首要步驟。時間有其連貫性，現在寫下的過去一週，勢必和下一週沒有太大分別。為了讓新目標成為現實，在相去不遠的**一週行程中找出實行「目標」的時間，將是成功管理時間的鑰匙。如果計畫止步於一瞬間的決心，並非個人的意志力問題，而是因為它缺乏能夠實踐的時間**。別再企圖用意志力解決問題，試著經由良好的系統組織自己的時間吧。

就算只是簡短記錄，也可以讓人更清楚自己的生活模式，幫助選出接下來該空出或保留哪些時間。不要想著：「我明明想快點制訂計畫，你竟叫我回顧過去！」回顧前一到兩週的日常，是找出目標可實行的寶貴空間最基礎的作業。

試著寫下自己最平常的生活模式						
	星期一	星期二	星期三	星期四	星期五	星期六	星期日
1							
2							
3							
4							
5							
6							

「固定時間」和「自由時間」

假如寫好了一週的四十二區塊，下一步就是將類似的活動歸類，也就是「群組化」。進行步驟時，只要把認為相似的類型用同一種顏色標示，或放在一起。

群組化有兩個目的。一是掌握自己在什麼事情上花了多少時間，再者則為了找出該空出或保留哪些時間。

最先歸類的區塊通常是無法藉由個人意願改變的固定時間。如果是上班族便是工作；如果是學生，便是既定的上課；自由工作者會隨著執行專案的不同，固定時間也不同。假如以早九晚五的上班族為例，平日的固定區塊會被分類於第二、三、四區，也就是說，一週四十二區塊中，職場生活共佔十五個。

	星期一	星期二	星期三	星期四	星期五	星期六	星期日
1	看書	-	看書	-	看書	睡眠	睡眠
2	上班	上班	上班	上班	上班	運動	睡眠
3	上班	上班	上班	上班	上班	婚禮	清掃
4	上班	上班	上班	上班	上班	婚禮	看書
5	加班	運動	朋友	加班	朋友	婚禮	電影
6	TV	TV	朋友	TV	朋友	TV	休息

換言之，一週有二十七個區塊能依自己的意願來隨意使用。你平時是否有過這個念頭：「我因為要做～，所以沒有時間。」但其實除了工作時間以外，你可以自由選用的時間有二十七個區塊。這看起來算很多？還是很少呢？這個部分沒有正確答案，你必須重視自己的感受。

根據每個人的處境，能夠分類在一起的時間和無法分類的會有很大的落差。重點在於你自己要清楚知道，一週有多少固定時間和可以隨意使用的自由時間，光是衡量這件事，就能帶給個人行為有

很大的變化。

首先，計畫將可得到實踐。因為已經藉由區塊概念「量化」自己所擁有的時間，憑直覺就能判斷「時間充分」或「沒有區塊可使用」。工作歸工作，自由時間歸自由時間，如果套用在工作上，當一天上班時間有三區塊，一週共有十五區塊時，可以將計畫工作量控制在這個範圍內，並適時調整速度。假如分配到的工作量大於或小於這個範圍，可以利用此概念作為根據向他人表述意見。

接著來討論自由時間，當清楚明白每週有多少自由時間區塊的話，你就有能力平衡期間內的休憩、和朋友見面，以及自我開發等等的時段。

第二個變化是，會開始尋找擁有更多自由時間的方法。最近出現的「斜槓工作者」，他們多半抱持著確保「個人時間」的想法，或者想享受更多閒暇的人也會非常重視「個人時間」。倘若追求這種生活方式的人們，能將固定和自由時間分開思考，便能在確保更多時間的同時，持續衡量調整。

第三是尋求提升時間效率的方法。假設有一個平常賺三百萬韓元的自由工作者，工作時間通常是二十區塊，但這位自由工作者不想再增加工時，他在具備固定和自由時間分開思考的概念後，將會努力尋求方法，在同樣使用二十區塊的情況下，達成賺到五百萬韓元的理想。

一週四十二區塊當中，你的固定時間佔了幾個區塊？可以依照個人意願活用的時間又佔了幾個？當明白這點之後，便是時間管理的開端。

自己錯過了什麼，如何知道？

目前可以看到還有許多區塊尚未分類，現在就將類似的區塊一同歸類，計算一下數量吧。

重新回到我的六乘七表格範例（見右頁上圖）。

從我的例子來看，不計職場生活，剩下的二十七區塊中，約有七區塊我用於和朋友見面。以百分比計算，高達自由時間的百分之二十六（七除以二十七），意即我有超過四分之一的自由時間是和朋友一起度過。但我這週想要努力達成的事其實是運動，一週去健身房四次，目標將體脂降到正常範圍，可是由於赴約而臨時取消行程，最終發現只用了兩區塊運動；然後有五個區塊根本想不起來做了什麼，徒留遺憾。此外，加班也用了兩區塊，但仔細想想，加班兩區塊的其中一區塊，說不定根本不需要。不過至少看書時間佔了四區塊，雖然時間不長，但我已經很滿足了。

另外，當我完成群組化時，發現令人不知所措的事，便是區塊中竟沒有一個和家人有關。我很珍惜與家人相處的時光，卻連一小時都沒和他們一起度過，扣除和家人共處同一個空間的時候，在一週內，我完全沒認真地和他們吃飯聊天。當然基於現實考量，我很難分給他們太多的區塊……但好好共度時光這件事，竟連一個區塊也沒有，讓我相當震驚。

希望你也能按照上述的方式將時間群組化，檢視自己在每件事情上分別花了多少時間。假如有區塊的數量為零時，應確認是否有未能及時發現而遺漏掉的重點。

星期一	星期二	星期三	星期四	星期五	星期六	星期日
看書	–	看書	–	看書	睡眠	睡眠
上班	上班	上班	上班	上班	運動	睡眠
上班	上班	上班	上班	上班	婚禮	清掃
上班	上班	上班	上班	上班	婚禮	看書
加班	運動	朋友	加班	朋友	婚禮	電影
TV	TV	朋友	TV	朋友	TV	休息

自由區塊		27/42	
加班	2	家人	0
運動	2		
聚會	7		
看書	4		
雜事	1		
休閒	6		
遺憾	5		

　　假設某一週，你沒有放太多心思在鍛鍊身體，以及與家人相處，或許你會認為：「這星期太忙！」雖然偶爾可能這樣。但如果這一週變成一個月，然後是一季，接著是一年，最後變成這一生呢？度過一個永遠無法貼近自己嚮往生活的人生，放任理想和現實

漸行漸遠，讓時間無情溜走，這不會太遺憾了嗎？

說不定你會說，這世上有多少人能把心中的優先排序放到現實生活，那種事只有時間很多的人才做得到。我並非要求必須抽出很多時間，而是指應致力於在實際可行的範圍內，一點一點帶入自己的優先排序。為了做出這樣的努力，要先掌握在每件事上分別耗費多少時間。

以下故事來自時間區塊團隊成員之一的龍俊。

龍俊的老婆小孩在首爾生活，他因為餐廳實習的關係，獨自居住在其他城市。凌晨六點出門工作，晚上九點才下班，餐廳遠近馳名，因此在工作時間內非常繁忙，回到家往往筋疲力盡，就算直接昏睡也不奇怪。即便如此，龍俊還是會利用那段時間打開計畫表，總結自己的一天。另外他將除了工作時間，僅存不多的自由時間區塊，放入自己覺得重要的事，主要是運動與家人。當工作期間出現空檔，他就到健身房鍛鍊，由於工作的勞動密集程度很高，這方式讓自己更能做好工作；對於家人，他會運用一個月中不算太多的假日，和他們共度有意義的時光。

每當我看見龍俊，都會立刻收回「我很忙做不到」或「我很累做不到」這些話。即使他的生活極端忙碌，仍然在可行範圍內致力維持自己最重視的事，這成為很好的榜樣。我很肯定，當龍俊的固定時間區塊漸漸減少，自由時間區塊開始增加時，他一定能把時間花在更重要的事情上，成為更能享受幸福的人。如果你現在不能將自己的價值觀或優先排序漸進式融入現實景況，將來也同樣是無法做到的。

請寫下過去一週的時間，並試著將它群組化，然後檢視一下是否曾因「很忙的藉口」，省略自己所重視的事情。

時間管理成敗取決於「分類名稱」

　　你有每天引頸期盼更新影片的電視節目、網飛原創（Netflix Originals）或 YouTube 頻道嗎？

　　當我回顧上週，發現自己在週一、週三、週四、週六睡前都看了電視，透過觀看影片打發時間。雖然是段消磨時光的方式，但我認為每段時光賦予我的意義有些不同。我對平時看過什麼並沒有太多的印象，不過會清楚記得週三收看的節目，因為那是期待已久的脫口秀播映日。即使這一週可以重來，我還是會在週三晚上鎖定首播，因為藉由脫口秀獲得了愉快的充電時間；但如果能重新度過這星期，我應該不會在週一、週四、週六看電視，因為我不但對看過

星期一	星期二	星期三	星期四	星期五	星期六	星期日
看書	–	看書	–	看書	睡眠	睡覺
上班	上班	上班	上班	上班	運動	睡眠
上班	上班	上班	上班	上班	婚禮	清掃
上班	上班	上班	上班	上班	婚禮	看書
加班	~~朋友 運動~~	~~運動~~	加班	朋友	婚禮	電影
TV	~~朋友 TV~~	~~TV 朋友~~	TV	朋友	TV	休息

的內容毫無印象，也不認為在那些時間裡有獲得良好休息，反倒覺得如果早點睡應該會更好。

雖說是同樣的行為，但帶給自己的意義卻可能不同。群組化時，請試著將這樣的事情歸類在不同的類別。就我而言，我會把週三晚上觀看脫口秀的時間分類為「休息」，其餘看電視的時間分類為「遺憾」。

假如將同樣的行為都標示成相同的區塊，在考慮要清空哪些時間時，有可能會出現矛盾情緒，想著：「我這麼喜歡看電視……都已經努力工作，難道連這點休息時間都不值得擁有嗎？」然後對時間管理產生反感，或出現相反的念頭，嚴格控管自己，把喜歡的時光統統泯滅。因此，就算是同樣的行為，也要針對所感受到的意義，把時間分類成不同的群組，才能在尊重自己喜好和心情的同時，找出可以刪除的事物。

這種分類方法還帶來另一種好處，就是找出隱藏的時間。以育兒為例，假如把和小孩共度的時光全都統稱為育兒，很難改善任何一刻。仔細想想，你和小孩相處的所有時間裡，是否一直和他們保持情感交流。

育兒能分成兩大類。一種是主動唸故事書給小孩聽、一起玩樂；另一種是儘管身處相同空間，小孩和父母卻只顧做自己的事。請區分這些時間，放到不同的群組，我推薦將群組命名為「積極育兒」和「消極育兒」，假使有更具創意的名稱也歡迎使用。如果試著將過去統稱為育兒的事進行分類，各別賦予新名詞，將會開始看見，自己一直以來遍尋不著的個人時間。

做好分類，專注力跟著提升

撫養三個小孩的聖熙是位職場媽媽，她自從把整體育兒時間劃分出「積極育兒」的時間後，和他們相處的品質變得不一樣了。

「我的小孩分別是小學五年級、二年級，以及五歲。職場媽媽通常會對孩子感到內疚，雖然基本的事情我都有做到，像是準備餐點、幫忙洗澡、照顧他們等等，但總覺得陪伴他們的時間太少。不過在劃分出積極育兒的時間後，變得專注許多，也減低了自責感。我其實沒有增加積極育兒的時間，一週最多只有一到兩個區塊，舉例來說，我決定週六下午的時間要用在『積極育兒』，我就會專心計畫，並盡力遵守它。原本只會在心裡想：『我應該要和小孩一起做餅乾……』卻從未實踐，但現在我不僅會真的和他們一起做餅乾，還會經常帶他們到公園玩。當我結束這一週，回想發生過的事時，內心的自責得到緩解，因為這一週的『積極育兒』時間區塊，我確實地陪伴了孩子，而這份輕鬆愉快的心情，也提升在工作、生活、個人時光上的專注力。」

除了在育兒上產生成效，職場中也能獲得成果，也許有些人聽到加班會很氣憤，認為：「難道加班是我自願的？」我很了解那個心情。但如果仔細觀察，說不定你會發現大部分不得不加班的時間裡，可以劃分出只要再多點努力，其實可以不用加班。

透過 BLOCK6 系統得知加班需花費多少時間的子慧小姐，安排了最少的加班區塊，並想盡辦法不超過那個時間。

「我的工作量很大，在接觸 BLOCK6 系統以前，每週固定加班

三天，就連週末也經常加班，導致自體免疫力下降，出現眼疾和舌炎等問題，健康亮起紅燈。開始使用這套系統後，一週計畫清楚劃分成四十二區塊，才驚訝地發現自己在工作上竟花了這麼多時間，因此下定決心改變。由於加班區塊無法一次消除，我先從一週只安排一次加班做起，此外詳細寫下固定於平日第二到第四區塊的工作時間要做的事，如果做完就畫線刪除。為了減少加班，我把工作區塊的品質提升到百分之兩百，結果先前每週加班三天都無法完成的工作，現在只要加班一天就能完成！因為 BLOCK6 系統，我得以將無可避免的加班減少到一個區塊，同時加強時限內的時間管理和專注力，藉此提升數倍的工作效率。」

　　子慧小姐所獲得的成果來自於，她區別出自己可以控制和不可控制的時間，然後努力在可控時間內更加專注。這個方法可以在不同的時間種類逐一套用，當你發現某件事佔據生活太大的篇幅，難以實際改善時，請試試這個方法。如果同樣的行為帶給自己不同的意義，就試著將它分類，如此一來，一定能找出至少一個被隱藏的重要區塊。

第三階段：
首重取捨，而非管理

縮減無謂事物，做自己想做的事

　　到目前為止，進行前一週回顧是為了讓自己在明天、下週、下個月變得更好，並騰出時間實踐想做的事，必須為珍貴的目標事先準備好位置，恭迎它到來。

　　請試著提出想做的事情。你有人生目標、今年目標或是本月目標嗎？假如有的話就根據目標，考慮這個月該做什麼。如果沒有，問自己一下想如何度過下星期，試著寫下心中所浮現的，那些想做的事情吧。

　　舉例來說，假設我這個月有兩個目標，一個是練皮拉提斯增肌，另一個是努力經營 YouTube 頻道。假如要把這個本月目標細分成以週為單位，這星期我該做什麼？除此之外是否還有其他想做的事情？

　　首先為了增肌，我想報名每週有三堂的皮拉提斯課程；接著為了認真經營 YouTube，決定每週上傳一次影片並看完相關教學講座。

這時，我想起上週回顧中提及「沒有和家人相處」這件事，所以這個週末想抽出時間，與家人吃飯聊天。

在前一章節，回顧了自己的一週日常，假定你記錄的上週和下週沒有太大的差異，請思考該如何在上週的時間區塊內加入下週計畫；如果再次重回那一週，你會如何把自己想做的事放進去。

有什麼方法能在行程滿檔的一星期，增添自己想做的事？事實上，如果不先清空一些區塊，恐怕無法做到。那麼應該以什麼標準刪減項目？我在前述的群組化執行過程中發現的方法是，必須先「完全清空區塊」或是「自認需要改善的區塊」。當我回顧上週在每件事情上分別花費多少時間時，發覺和朋友聚會耗費七個區塊，運動卻僅佔少部分的時間而感到惋惜，所以決定減少四個聚會區塊（朋友）。也就是說，如果該週可以重來，我會在七個區塊中只選三區塊（婚禮）和朋友見面，將其餘時間挪用在其他的事。

然後是連自己做了什麼都想不起來的「遺憾」區塊，居然也和聚會區塊數量差不多，因此我刪去其中的三個區塊（TV）。你問我為什麼不全刪掉？這是因為那些被歸類為平日無法早起的「遺憾」區塊，就算重新來過，我也無法保證會早起。深知自己不會突然變成一個勤奮的人，所以只刪去一半，但儘管如此，我也已經多出了六個空白區塊。

確保空位後，我就可以試著在這六個空白區塊中，加進自己想做的那些事。首先，在週末的空白區塊填上「家人」，然後預約先前就想一起去的餐廳；接下來選了另外三個空白區塊填入皮拉提斯，一個則是每週上傳一次 YouTube 影片所需的工作時間。現在只

剩一個空白區塊，如果想完成 YouTube 影片企劃、寫腳本、拍攝、編輯、製作影片縮圖，時間根本不夠用，遑論收看教學講座，這該如何是好！

星期一	星期二	星期三	星期四	星期五	星期六	星期日
看書	–	看書	–	看書	睡眠	睡眠
上班	上班	上班	上班	上班	運動	睡眠
上班	上班	上班	上班	上班	婚禮	清掃
上班	上班	上班	上班	上班	婚禮	看書
加班	運動		加班		婚禮	電影
			TV			休息

自由區塊		27/42	
加班	2	家人	0
運動	2		
聚會	7→3		
看書	4		
雜事	1		
休閒	6		
遺憾	5→2		

此刻便是得知自己對這些計畫有多少真心的大好機會。我開始尋思自己有多想做這些寫下的事情，實際又能做到何種程度。「我需要更多時間才能每週上傳一次 YouTube 影片，該怎麼辦？」「把皮拉提斯課程從每週三次改成兩次嗎？」「還是不要每週上傳 YouTube，改成兩週一次？」「真的想每週更新 YouTube……沒有其他空白區塊了嗎？」「週末一定要看電影嗎？」我不斷對自己提問，反覆著清空和增加的過程。要到什麼時候才能停下來？這得等到制訂出滿意的下週計畫才行。

正在寫這篇文章的我，本週也有許多事情要做，像已經報名卻還沒去上的教練課、適逢暑假想體驗的豪華露營（Glamping）、回釜山探望家人、還有無數未看的書籍、想逛的快閃店，和朋友見面聊天問問婚禮的準備情況。

然而，從上個月到這個月，我的區塊都被寫作填滿，不但有截稿時限，需要完成的文件量也不容小覷。但寫作區塊的優先排序，相對於其他事情明顯重要許多，沒有空間可以分享區塊給其他感興趣的事情。想起學生時期，我總是熱衷於其他的事，直到考前才臨時抱佛腳，所以應試前常嚷著：「要是還有一星期該多好！」同樣的，人們總要等到剩下一點時間，才會開始看見優先排序。不過，要是像現在一樣，**長期接受取捨時間的訓練，便可養成長期奮戰下也能處理各種繁瑣雜事的能力。**我目前正經歷著這一生，數一數二投入一件事的時刻。

「管理」這個詞彙不知是從何時開始，緊跟在時間的後方？如果查詢字典釋義，「管理」包含「負責處理某項職務」，「維持或

改良設施和物件」，「控制、指揮、監督人員」等意義。這是指時間管理代表改良時間嗎？還是控制、指揮、監督時間？從我的觀點來看，時間絕對不是能夠管理的東西，而是一種取捨。必須抉擇該清空哪些事物，以及在身邊留下哪些東西，不斷比較輕重緩急，考量實際是否可行。

在這樣不停「選擇」時間的過程中，自然會整理出心目中的優先排序。倘若是很想做的事情，無論如何都會排除萬難騰出時間；即使迫於現實而妥協，也會努力減少放棄的次數。在經歷艱難的抉擇而留下的時間，實踐力自然會提高。

如果是從前，我可能會一邊寫作，一邊想著：「好想體驗看看豪華露營……這個夏天只有這次而已……」然後安慰自己：「只有一天應該無所謂吧！」開心結束遊玩行程，當截稿日愈漸逼近時，才感到焦慮和後悔。但現在我已經清楚明白輕重緩急，不會再感到可惜，我知道就算錯過了這次，未來仍有機會去豪華露營，所以當下能更專注於自己該做的事。

時間不是能夠管理的東西，而是一種取捨！

你選擇度過怎樣的時間？

取捨與平衡，成就你想要的生活

專注優先排序

我每週都會玩理想型世界盃，這是種有趣的遊戲，它透過不斷從兩個選項中選出其中一項，直到選出最喜歡的。比方說，當問到

「炸醬麵 vs. 炒碼麵？」我先選了炸醬麵，接著是「炸醬麵 vs. 雜菜拌飯？」我還是選炸醬麵，最後是「炸醬麵 vs. 炸醬飯？」我換成炸醬飯！那我最喜歡的便是炸醬飯。

我一週只有四十二個區塊，所以必須選出該放入哪些必要和想做的事。當剩餘空間愈來愈少時，自己會陷入不停的比較和苦惱當中。像是運動 vs. 朋友、觀看新上映的電影 vs. 朝聖風靡 IG 的咖啡廳、A 科目功課 vs. B 科目功課、朋友聚會 vs. 家人相處、寫企劃案 vs. 休息等等各種事情。

標準有很多種，更喜歡、更急、更重要、更有趣的事……綜合各種標準後，將會產生結果。從理想型世界盃雀屏中選，最終放入有限區塊內的事情，會是一個經過反覆抉擇後選出的重要排程。

專注於平衡

我們吃飯的時候，會按照適當的比例補充蛋白質、脂肪、碳水化合物，如果仍有不足，則會攝取水果或維生素。時間也是一樣，個人獨處、工作或讀書、社交、以及與家人相處的時間，都需要平衡。

不過平衡不代表每件事都必須等量，天平的兩側一定要呈水平。意思是說，並非工作五個小時，就要和家人相處五小時才算是平衡。當說到健康飲食，一般都會聯想到減少碳水化合物的菜單，但沒有人會說「蛋白質：脂肪：碳水化合物＝1：1：1」是均衡的飲食。時間的平衡也是同樣道理。請記住物理上相同的時間不代表平衡，重點在於你應**配合自己或當下狀況，調整出適當比例的組合**。

「一週」是非常適合調整平衡的區間，試著檢查一週四十二區塊的平衡。在當中，找出合乎自己的問題自問自答，例如是否投入足夠的時間進行目前的工作，以利取得成果？是否持續分配時間增強體力？和家人相處的時間是否適當？有無安排合理的休息時間，讓身體不會感到太過疲倦？

　　找出平衡的一週會變成一個月，一個月會變成一季，一季會變成一年，一年會變成你的人生。

六個詞彙帶來人生變化

　　迄今為止，我從未藉由分鐘或小時為單位的時間管理法取得長期成功。一旦某件事有所耽擱，後續的事情便會接二連三地推遲，計畫只要被打亂，就不會想繼續做接下來的事，因為排程會讓人感到窒息，儘管未經他人之手，全是自己擬定的也一樣。

　　對我來說，以分鐘或小時為單位制訂的計畫很難表現優先排序的結構。雖然能用螢光筆標示出重點項目，但它本身就像是必須在時限內完成的遊戲任務，導致我會急著完成，不會試圖了解其本質。基於這點，就算有一天完成所有用螢光筆標示的重點，也會因為其他事情沒完成，認為這一天過得並不怎樣。相反地，假如密密麻麻寫下的那些瑣事全都痛快的被劃掉，即使當天沒有完成真正重要的事，也會覺得那一天有非常用心在生活。然而，自從將一天分成六區塊，開始用粗略標準制訂待辦事項後，我感受到以下變化。

看見一天的輪廓

　　清除無謂的東西，只留下重要的事情。我寫出下列六個詞彙。晨間例行公事、YouTube 影片製作、YouTube 影片製作、運動、休息、晚間例行公事。寫下這些詞彙之後，自然會看到一天的「強～弱～中強～弱」。

　　晨間例行公事（中）、YouTube 影片製作（強）、YouTube 影片製作（強）、運動（中）、休息（弱）、晚間例行公事（弱）。

　　歌手如果不在意「強～弱～中強～弱」，唱歌時從頭到尾用盡力氣，馬上就會失去嗓音，最糟的結局或許是聲帶長繭，短期無法再歌唱。但如果只用「中」或「弱」的程度演唱，可能又會淪為一首無趣的歌曲。

　　一天的輪廓也是這樣，假如不曉得何時該施力，何時該放鬆，只是一味奔跑，馬上就會筋疲力盡。

中止出錯，重置心態到下個區塊

　　當以分鐘或小時為單位制訂複雜的計畫時，一旦某件事有所耽擱，便會想放棄後續所有的計畫。因為這種方式的重點在於每個時間點有該做的事，如果不是在那個時間點完成工作，只會感覺徒然無功。即使實際上並非如此，心理層面還是會有這種感受。

　　一天的六個詞彙相較於時間，更重視價值。當寫下依照一天輪廓選出的六個詞彙，準備著手每個區塊的詳細規畫時，才需要和時間相互配合。再者，區塊所需時間沒有標準答案，能隨時彈性調整。舉例來說，某天當我正在編輯 YouTube 影片時，發現時間已經

是晚上六點，通常我都在這個時間點吃飯，但因為計畫表並非寫著「晚上六～七點：晚餐」，所以我不會為此焦慮。後來，直到七點完成所有影片編輯後才吃晚餐，接著順利完成之後的第五和第六區塊。

此外，我發現有些日子會因為各種狀況導致日程延遲，或無法原定目標實行。舉例來說，當我如果有興趣，不管什麼事都會比別人更熱情且有效率；但假如缺乏興趣，動作會慢得像樹懶。偶爾我還會整天耗在一部想看的電視劇，陷進去後就很難停止。要是在從前，碰到這種日子我一定會說：「算了啦！就當今天泡湯了，明天再努力！」但如今的自己會下定決心：「第三區塊結束後就不能再看，必須用嶄新的心態開始第四區塊才行！」一天的重置機會多達五次。

明白自己追求的價值

一天的六個詞彙能反映出自己所嚮往的人生價值，其中包括了晨間例行公事、YouTube 影片製作、YouTube 影片製作、運動、休息、晚間例行公事。我在藉由晨間例行公事開啟一天的時光後，緊接著投入能幫我傳達時間管理和幸福訊息的 YouTube 編輯；然後根據「時間管理等同體力」的堅信，騰出時段鍛鍊身體；晚上和老公一起吃飯、聊天、看電視、和父母通話等，享受休息時光；洗漱結束後一邊記錄自己的一天，一邊調節身心準備入睡。僅僅六個詞彙，就能看見一個人對工作、家庭、社交等各個領域，想發展與守護的價值。

GOAL：
審視目標，行動者有所得

「你有目標嗎？」

聽到這種問題的時候，你有什麼感覺？覺得惶恐，想要逃跑嗎？或是聽到問題的同時，腦海中立刻浮現一些想法？目標究竟是怎樣的存在？它為什麼會偶爾讓人感到失去方向、覺得空虛，偶爾卻又讓人充滿興致、瘋狂地沉浸其中？

倘若仔細觀察四周，會發現似乎不是每個人都有目標，就算是同一個人，一生當中也並非一直都有明確的目標。這樣說來，它究竟是什麼？我們該如何看待？真的需要它嗎？假如你還是不清楚目標究竟是什麼，必須想一下該從哪裡開始思考。

那麼，你將會看見從未有過的目標。

設定目標，
讓行動與展望保持張力

　　有一個人用了一句「我沒有目標」，莫名地帶給許多人滿足和安定感，他就是國民 MC 劉在錫＊。這句話出自他在主持綜藝節目《劉 QUIZ ON THE BLOCK》〈大學入學考文理科滿分者〉篇時，面對嘉賓問題所做的回覆。

　　嘉賓：「身為一個國民 MC，你不是已經達到顛峰了嘛。我想請教，當您完成目標時，您會如何設定下一個目標？另外，讓您達成目標的原動力是什麼？」

　　劉在錫：「我認為自己的風格有點不同，我沒有目標。（微笑）很失望吧？可是，我真的沒有目標。當設定目標，想著『我應該要達到什麼程度』這件事本身容易造成壓力，而我討厭那種壓力，所以為了避免這種情況發生，會盡量不去設定個人目標或計

＊譯註：韓國知名主持人，多部參與節目超過十年，口碑極好且幾乎零負評，故被譽為國民主持人。

畫。」

迄今為止，我們一直被灌輸「目標很重要，要足夠明確才能好好前進」的想法，但一個業界佼佼者竟自稱不設定目標，眾人因此為之狂熱。網路瘋傳他說出這句話的圖像和影片，更有許多人留言表示因為這句話得到慰藉。「是吧，劉在錫同樣也沒有目標！不要過得這麼沉重了，沒事的！」就這樣，因為「劉大神」的一句話，讓人感受到了欣快、釋然、安慰。

不過，事實真的如此嗎？該相信這句話，且放心地認為沒有目標也無所謂嗎？讓我們思考一下劉在錫的日常，經由多年來節目播出的內容，看到他的生活模式大略如此。

他會配合節目調整身體狀態，專注每個作品，不會同時接太多節目；堅持每天運動一至兩小時，如果沒有時間，半夜兩點也會去運動；為了保養喉嚨，不喝咖啡；總是隨身攜帶書籍和報紙；因為要上電視，不斷用心保養皮膚和進行飲食管理。另外，由於拍攝SBS藝能節目《Running Man》，為求提高追擊遊戲的趣味性而戒菸，甚至覺得浪費時間，因此不玩社群媒體。以上都是大眾熟知的劉在錫日常。

這真的是一個沒有目標的人會有的日常嗎？別被這樣的話欺騙了，那些說「沒有目標也能過活」的人，其實有兩個隱藏的秘密。

第一個秘密，抱持確實的價值觀和人生方向。雖然劉在錫從未在節目中說：「我的價值觀是○○」但透過三十多年來他在節目中展現的作風，大概讓人可以猜到他的價值觀──「我身為一個搞笑藝人，透過媒體帶給很多人笑容，而這個笑容是種溫暖的微笑。」

假如他沒有強烈動機，想成為搞笑藝人帶給大眾歡笑，真能順利走出超過十年無名生活的隧道嗎？我認為，他是因為有堅定的展望和迫切的渴望，才得以實現這一切。搞笑的種類有很多種：我們可能因為諷刺笑話覺得好笑，也會因為黃色笑話噗哧而笑，有些則透過貶低他人，誘使觀眾發笑，然而劉在錫帶來的笑容是很有溫度的。

「我想成為一個，可以感受到身邊的人和自己共同成長喜悅的人。」從劉在錫在電視節目中展現的團隊合作和領導力，很自然地便能感受到這種精神。事實上，他曾在 MBC《無限挑戰》的〈粉絲見面會〉篇中，針對自己為什麼每次都能得第一，做了以下回覆。「我時常禱告。每到睡前，如果感覺節目不太順利，每件事都不符期待，就會誠懇地禱告；我會祈禱假如再有一次機會，可以給身為搞笑藝人的我，就那麼一次機會，等到實現願望時，我絕對不會忘卻現在的心情和初衷。倘若我自以為是，認為一切都是獨自取得的成果，就算只有一次，那時候即便施予我這世上最大的傷痛，我也絕對不會問，為什麼要對我這麼殘忍。」

自稱沒有目標的他，其實懷抱著比目標更宏觀的人生方向、價值觀、展望。三不五時產生的目標，很難和穩定扎根在心底的展望相提並論，這是因為生活中不斷產生的目標都是大方向（展望）的一個分支。

第二個秘密，極度專注於當下。他們有一股將價值觀連結行動的強大力量。事實上，**目標的作用就是連結價值觀和行動**，無論是堅定的價值觀，或堅韌不拔的行動力，只要其中之一夠堅強，兩者

間就會產生張力，互相支撐。這種情況下，儘管不把身為中間橋梁的「目標」具體化，還是能夠持續邁向自己想要的生活。價值觀、展望、人生方向以張力吸引著人的注意力，讓人思考現在應該做什麼，並付諸行動。我認為「劉在錫生活模式」便是如此誕生，因為懷抱「身為搞笑藝人，我想要成為帶給大家歡笑的人」這樣的展望，他才會努力不懈地運動和戒菸，進而創造《Running Man》中那些有趣的場面。

換句話說，劉大神說沒有個人目標或計畫，或許真正的意思是，他不會去設定「今年我要拿演藝大獎！」「劉在錫粉絲後援會要達到百萬成員！」「這次節目一定要創造收視率第一名！」這類的目標，因為**這些無法單憑一個人的努力實現，也背離自身價值觀的本質**。

如果因為聽到「沒有目標也沒關係」這句話而感到放心，你是否同時擁有堅定的展望或對現實的執著？或者至少有其中一項特別強大，足以帶動另一項？儘管是同一個人，也無法在人生的每一刻維持同樣的狀態。對於這類型的人來說，連結價值觀和行動力的「目標」便至關重要。就算展望和行動力之間的張力很弱，但只要有目標介於其中協助連結彼此，還是能得到莫大的幫助。

我就是屬於這類型的人，雖然常常想完成某件事，但沒有強烈到立即行動，此外雖然有強大的短期執行力，卻很難對同件事持之以恆。對於展望不夠堅定且行動力時常鬆散，耐力又低於一般平均值的我來說，目標在保持兩者張力的這件事上，帶給自己很大的幫助。

如果你現在擁有很堅定的展望和執著的行動力，沒有目標也無所謂，因為光靠這兩項的力量就能引領人生前進，但如果沒有的話，我想你會需要目標的助力。這是我給「一定要有目標嗎？」這個問題的答案。

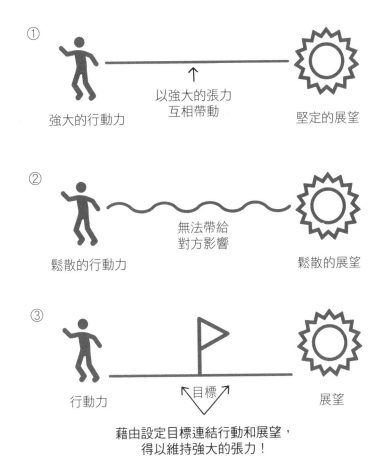

① 強大的行動力　以強大的張力互相帶動　堅定的展望

② 鬆散的行動力　無法帶給對方影響　鬆散的展望

③ 行動力　目標　展望

藉由設定目標連結行動和展望，
得以維持強大的張力！

你是「人魚公主」，或者是「鐘樓怪人」？

　　什麼東西是「人魚公主」有，但「鐘樓怪人」沒有的？居住在海裡的人魚公主愛上生活在陸地的人類王子，鐘樓怪人則是愛上了美麗的吉普賽人艾斯梅拉達。兩個人的共同點在於他們熾熱的愛情都很難實現，不過兩人對待愛情的方式卻有很大的差別。

　　人魚公主對王子一見鍾情，她不只有「好喜歡王子」的想法，還想著「一定要到他的身邊」，建立了「我想和王子一起度過幸福時光」這個目標，然後付諸行動和魔女交易，交出自己珍貴的聲音魅力來換取雙腳。因為她認為相較於聲音，擁有雙腳更有益於到王子身邊，向他介紹自己才有讓兩人相愛的機會。《人魚公主》最終雖以悲劇收場，但她為求達成目標，透過積極的行動成為了人類，走到王子的身邊。

　　而《鐘樓怪人》的主角加西莫多雖然很喜歡艾斯梅拉達，卻自認無法高攀，只是遠遠地望著她，認為光這樣就很滿足。加西莫多的這個想法，能談得上是目標嗎？其實並不是，因為少了下一步的目標行動，例如彼此共度時光，所以最終也只能遠望著她。

人魚公主有，但鐘樓怪人沒有的東西，正是「目標」。目標讓你會清楚自己想要什麼，並想辦法實現它。它會讓你將時間花在期盼的事物，而非毫無頭緒地忙碌。人魚公主便是因為這點，才實現原本不可能發生的事。

目標就像是性能良好的導航，當你有了一個想去的方向，卻不知道怎麼走的時候，目標會為你指引具體方向。正如同使用地圖應用程式時，只要標出所在位置，它就會指引前往目的地的路一樣。

導航主要有三種功能，一種是標示所在位置到目的地的路線，意即幫助人看見宏圖；第二種是找出最有效率的方法抵達目的地，根據使用者需求，選擇最快的路線、沒有施工的安全路徑、免費路段、甚至是只走大馬路不走小巷的行駛路線等，換言之可以按照你的喜好或情況提供選項；第三種是讓人能專注於當下的駕駛，在選擇路線後，只要照著導航指引的方向，行駛途中不需考慮路線是否正確。

實踐目標，跳進未知世界

我曾受益於良好的導航。完全沒有製造、宣傳、流通經驗的自己，得以提升《6區塊黃金比例時間分配神奇實踐筆記》的品質，將之商品化，並經由集資網站「Tumblbug」達成集資目標金額1224％，得到眾人矚目，全都得力於明確的「目標設定」，才能有如此成績。

一開始，我用 PowerPoint 繪製筆記的表格，然後列印出來填

寫，後來有更多的人和我一起使用它。由於用 PowerPoint 完成的計畫表只有功能性，缺乏有魅力的設計，所以我請善於繪圖的朋友幫忙畫了些漂亮圖案做裝飾。隨著它對於時間管理愈來愈有助益，乃至型態逐漸升級，夢想便開始在我心中油然而生。我希望能夠提升品質並商品化，讓它得到應有的評價，這樣的心情大約持續了六個月以上。然而，我只是將這事放在心裡，沒做出任何行動實踐，抱持著「總有一天」會做的想法。

直到某天，我將想法告訴了一位熟人，他支持我的想法並建議不妨利用集資網站。「身為一個沒有製造經驗的門外漢，我能生產出足夠的商品數目賣錢嗎？宣傳要怎麼做？配送問題？客服？」湧出的種種困惑，讓人開始感到害怕，當跳進未知的世界時，恐懼自然會找上門來。

我不斷在集資網站的頁面徘徊且苦惱。我夢想將《6 區塊黃金比例時間分配神奇實踐筆記》商品化，讓它得到應有的評價，然而卻必須讓不認識的人做出決定。換句話說，假如不認識我的人也喜歡這種時間管理方式和計畫表，這件事才會出現進展。利用集資網站蒐集評價的確是個好方法，所以我決定動手嘗試。我開啟目標導航，所在位置是以 PowerPoint 繪製、印表機列印的計畫表，目的地是「二〇二〇年十一月於集資網站發表。」

因為是計畫表，我推估發表時間晚於十一月的話，可能無法受到關注，必須在日誌本的旺季搶先推出。自從有了明確目標和期限，我在這短短三個月內的執行力，遠比過去六個月更強大。同時，我決定將它命名為「BLOCK6」。先前我們曾稱作時間區塊日

程表、時間區塊團隊日程表、六區塊日程表等等，不過商品化需要像樣的商標，絞盡腦汁想出名稱後就著手商標設計，再把圖案移至PowerPoint。

並且透過朋友間多方打聽，尋找能做出符合產品架構設計的人，也借助一位友善的印刷廠老闆，學習到紙張的種類及多樣化。接著，在大型文具店遴選和自己心目中的計畫表最相似的紙張與裝訂尺寸，歷經多次樣品比較，定下成品型態。我不僅升級封面和內頁的美感，還將說明書設計為簡單易懂，以便初次接觸的新手用得順手。然後選擇能放進小包包的A5紙張，方便隨身攜帶。因為個人喜好，習慣將筆記本完全展開，採用線膠裝的裝訂方式。此外，由於我從來沒寫完一年份的計畫表，所以認為形式再怎麼好看，如果無法讓人寫到最後一頁是行不通的，基於這樣的想法，我將它做成一個月份。

確定以一個月一本的形式發行後，為了增加每個月挑選計畫表的樂趣，決定生產不同的花色。我把時間區塊團隊成員的生活模式分成四種類型，賦予顏色意義。團隊中有晨型人、夜貓族，也有喜歡瑜珈和冥想的夥伴，以及有人追求極簡生活。針對這些類型，我找了些適合的圖案並從中各別選出三種顏色，藉此延伸出十二種顏色，期待使用者能透過每個月選擇一本計畫表並完成它的過程，感受一年十二次的心動和滿足感。你問我怎麼會有這些想法，我也不清楚，當時只把實現這件事默默放在心裡時，絲毫沒有半點進度，但自從具備價值和目標後，這些想法很自然地出現了。

除此之外，我在芳山市場（Bangsan Market）繞一大圈尋覓包裝

材料，還為了降低安全配送袋的成本，做無數功課，過程中儼然成為包材專家，更打電話向快遞議價，得到符合我提出條件的合約。

集資網站上需要創建計畫表的詳細說明頁，因此也大量接觸購物平台上的熱銷商品網頁，學習頁面架構，舉凡計畫表、飲食、化妝品、時裝、配件，不分種類都瀏覽一遍。不僅觀察評論和商品特色的顯示順序、說明長度，也研究評論中對哪些部分感到有興趣或失望等。另外還學習商品照的拍攝方式，針對每本日誌顏色選擇合適主題，訂購需要的背景和道具，再請擅長拍照的友人協助拍攝。

這全都是我的第一次嘗試，現在想來覺得神奇，如果沒有明確的目的地和期限，絕對無法實現。過程中也有大大小小的困境，例如起初幾乎無法理解印刷廠老闆的意思，加上相較於總印刷數量，計畫表的選色實在繁雜，導致單價上吃盡苦頭，更一度猶豫是否只用一種顏色；訂錯包裝尺寸，賠上包材成本；出貨單操作錯誤，花了整天才印製完成。不過，我的目標導航已熱切地指點方向，只要依循導引專心往前，沒有道理停下腳步。

目標的力量，激發最大潛能

集資的結果如何？上架五分鐘就達成目標金額五十萬韓元，讓商品確定量產，最終更取得高達 1224% 的成功紀錄。除了支持我的時間區塊團隊成員和朋友們，其他無意間發現《6區塊黃金比例時間分配神奇實踐筆記》的平台使用者也都喜歡上計畫表賦予的意義，提供許多的資金。

一刷的一千兩百本宣告完售，邁向二刷，在評論內容中還能了解使用者所希望的產品需求。「我的目標是把計畫表提升到可商品化的程度，並獲得相關評價！」這個目標成功實現。這個經驗讓我清楚得知明確的目標有多重要。

　　隨著邁進目標，速度和力量也慢慢增強，當出現無法獨力做到的事情，我開始能鼓起勇氣尋求協助，並獲得意想不到的幫助。這段路上，如果沒有周遭朋友的幫忙，必定不會成功。你問我是否曾預想過自己會得到這些幫助？沒有。我相信好的導航會給予專注於當下的力量，朝著目標前進，還會把那些像禮物般的緣份相互連結，最後安然無恙到達目的地。

　　你也有嚮往了好幾個月的夢想嗎？先訂下明確目的地和最後期限吧。我建議最終期限不要超過三個月，因為那樣可能會使人疲憊，且要配合期限制訂立階段性目標，接著在目標導航上輸入你的所在位置和目的地，它將告訴你有哪些路能選擇，選定其中一條後請專心駕駛。只要保持專注前進，導航便會在某個瞬間告訴你：**「目的地已到達，結束導航。」**

三類型目標，
如何思考，怎麼設定？

　　這個章節寫給內心想著「儘管如此，我還是不知道自己想做什麼」的你。我想談的不僅止於「人總是會經歷這種時候，沒關係。我也曾經有過這種時候。」這種淡淡的安慰，還要協助你釐清茫然的目標。

　　當讓人苦惱的濃霧散去，你將看見自己現在站在哪個地方，不再煩悶，找到前進的方向。

　　過去常聽人說道：「我努力填滿自己的一天，像是讀書、看報紙、運動等等，但就算用心去做每件事，到了最後我終究不知道自己想做什麼。」

　　為什麼每天用心生活的人卻始終空虛與煩悶？當我全神貫注思索這件事時，發現了一個問題，我竟把大大小小不同的目標，都用「目標」一詞全數概括。本應分別思考的各項目標被混為一談，當然使人鬱悶而百思不得其解，不是嗎？於是，我試著解開這些事，目標變得清晰許多。

依據目標的規模個別思考

我將目標分成三種類型。**小確幸型目標、短期成就型目標、遠大的目標**，然後找出最適合用來說明這些目標的圖案。

目標的種類

小確幸型目標

短期成就型目標

遠大的目標

首先，我認為「小確幸型目標」（意指微小而確實的幸福）適合泡沫型的圖案，這種目標容易出現但也容易消失，通常出現時沒有特別的理由。有一天，你看到別人正在做某件事，便突然興起「我也想試看看」的念頭。這種事無論是否實現，對人生都不會有太大的影響；就算有影響，也不過是幾天的心情差異而已。而我有許多這種像泡沫一樣轉瞬即逝的小確幸型目標，例如學習衝浪、插花、和父母去遊艇旅行、每個月探索一次首爾新景點等等。

接下來，我將「短期成就型目標」畫上旗幟的圖案，這是短則數日，長則一兩年，具有明確目的，得以努力向前的目標種類，例

如最近流行的 Body Profile＊、創下成功紀錄的集資、達成公司目標、順利出版書籍……皆屬於這個範疇。

最後，與「遠大的目標」形象相配的，便是大腦和心臟畫在一起的圖案，意味著目標遠大，需要大腦和心臟全力投入。這類目標和小確型目標不同，不會在某一瞬間突然冒出來，相較於出現，更適合以「發現」來形容。當短期成就達成型目標不斷順著同一方向，根植內心，你將發現自己對這件事萌生「傾注一生」的想法。

這三種目標可以個別獨立，也能互相關聯。尤其小確幸型目標通常和其他兩種目標相區別，不過在無數的小確幸型目標中，偶爾會有一兩個發展為短期成就達成型目標或遠大目標。「因為做～結果～」的說法便是經典範例，像是「我因為每天做瑜珈，結果學會倒立。」「我因為每天上傳整理房子的影片，結果成了十萬訂閱的YouTuber。」「我因為上了一日書法課，對書法產生興趣，持續練字，結果拿到講師資格。」都是這類的成功經驗。許多自我開發或激勵型的 YouTube 影片，時常可見這樣的故事。

看見小確幸型目標帶來的可能性後，很多人會這麼說：「就算不知道該做什麼，也著手目前能夠做到的事情吧！」縱使不是所有的小確幸型目標都能繼續發展，但經歷無數嘗試後，說不定會找到連結下一個階段的寶石。

「我不知道自己想做什麼」這句話，說到底是對於大腦和心臟

＊譯註：流行於韓國 MZ 世代，照片多用於展現減肥前後比較、身材曲線等。

需要全力投入的遠大目標的苦惱。前面我曾提過，遠大的目標不會突然出現，必須不斷順著同一方向前行才會「發現」，而且很少有人能夠輕易發覺。

　　請寫出你現在所擁有的各項目標，並試著分別出它們各別屬於這三種類型的哪一種，接著仔細斟酌是哪個部分使人摸不著頭緒，讓你產生「我不知道我想做什麼」的想法。假如是遠大的目標，請接受這件事可能不會這麼容易找到，但也不要放棄，多傾聽內心想法吧。然後確認目前的狀態是因為大腦和心臟尚未完全投入才沒有找到，或是只差「發現」就能擁有目標。

理解目標的「生命週期」 找出問題點

　　人類有生命週期，當度過嬰幼兒期、兒童期、青少年時期後，會在青年期、壯年期綻放生命的花朵，然後經歷老年期，結束這一生。只要是人類都會度過這樣的生命週期，經歷相似的各個階段。

　　假如仔細思考目標的特徵，**你會發現目標和人一樣，擁有生命週期**。認清這點後，便能夠從「我為什麼無法堅持做一件事？我為什麼這麼快就感到厭倦？」的自責中解脫。

　　當目標歷經探索期，具體生成後會不斷重複成長期和停滯期，最終進入成熟期。現在讓我們逐一來看看。

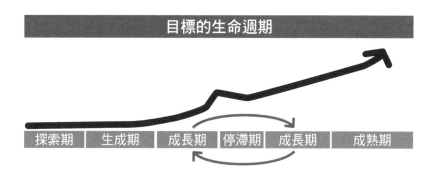

目標的生命週期

| 探索期 | 生成期 | 成長期 | 停滯期 | 成長期 | 成熟期 |

1. 目標探索期

　　這是目標出現前必經的階段，各種體驗都屬於探索期。舉例來說，提供兒童和青少年的職場體驗機會，便是為了幫助他們充實的度過探索期；而對成人來說，不去推託排斥自己所感興趣的事情，多做嘗試，或是參加能夠初步了解該領域的一日課程也在此列。正如同旅行是時常出去玩的人較為擅長，飲食是品嘗過的人才能辨別味道。

　　在充分探索後，才能了解自己是什麼樣的人，選擇適合自身的目標和相應難度。

2. 目標生成期

　　你曾試過在吃到飽餐廳嘗遍各種料理後，會再吃一輪合自己胃口的食物嗎？我們在探索期時會嘗試各種事物，假如對其中一項產生興趣，想要「再試一次」時，意味著你邁入了目標生成期。由於此時對目標還不夠熟悉，很難具體說明自己的目標達成條件。相較於設定出「我要成為～」或是「我要達成～」的目標，不妨先專注於熟悉該領域。

　　比方說，當你試過游泳、健身、皮拉提斯、飛輪等活動之後，覺得對瑜珈最感興趣，決定好好學習後，也不會在一開始就設定「我要成為瑜珈講師」這種目標吧。

　　在這個時期，是先接納挑戰會在期間如影隨形的事實。儘管遭遇挑戰，也要記住自己喜歡瑜珈，持續練習。

3. 目標成長期

假如出現「擺脫新手階段！感覺愈來愈有趣，想繼續做下去！」的念頭，就代表你已經來到目標成長期。這個時期必須比目標生成期更認真投入，當投入的時間愈多，對其相關領域的喜好度和理解度就會愈深。雖然這時會經歷和目標生成期不同層級的關卡，但因為你已經具有實力，足以面對並解決難題。

到了成長期，你將能設定出像樣的目標。例如「為了提高每個瑜珈動作的完整度，要修習更多的課程！」或「今年結束以前，要上完瑜珈講師考照班，加強實力！」不管做什麼都好，成長期間千萬要適當地制訂一些自己感到有興趣、具有挑戰性的目標，才不會立刻陷入停滯期。

4. 目標停滯期

處於目標成長期時，會感受到實力快速發展的樂趣，但在這之後，成長將開始趨緩。所有目標都會經歷停滯期，在成長期和停滯期不斷反覆過後，才會抵達目標成熟期，因此要做好準備因應這個時期。如果你認為停滯期的到來，是因為某件事把自己消磨殆盡，或暫時不想做的話，建議先設定一個「期限」再遠離它。

要是決定「我要休息一個月不做瑜珈」，卻不設定期限，逕自進入休息階段，狀態將會變得曖昧不明。這段期間，你可以試著將成長導向的活動改成休閒導向，像是參加瑜珈嘉年華或是來一趟瑜珈之旅。這類以休閒為導向的體驗，對於順利通過停滯期這樣深不見底的隧道而重回成長期，將有很大的幫助。此外，探索和目標相

關的新領域，也是一種激發興致的方法。

　　你可以改成學習空中瑜珈或頌缽冥想瑜珈，既不需要完全脫離瑜珈，還能探索新領域，不失為度過停滯期的好方法。同時，這個方法也能成為擴充目標範圍的機會。你可能會突然發現：「哦？原以為只有瑜珈很有趣，想不到空中瑜珈也是一個新世界！」

5. 目標成熟期

　　目標成熟期是結束一次又一次的成長期和停滯期，終於達成設定目標的時期。如果你在成長期階段設定「我要拿到瑜珈講師證」，此時便是實現的時候。藉此，你可能會認為「已經足夠」，停止發展目標，也有可能出現新目標：「既然拿到瑜珈講師證，接下來該學習培養教練技能！」想要更進一步發展，而重回目標生成期，而有了新的開始。

　　目標成熟期的特點在於，投入目標所屬領域的時間愈長，感情就愈深厚，自然會產生該對這個領域負起責任的自覺。舉例來說，當你開始想著「假如韓國的瑜珈文化如此發展，該有多好」時，瑜珈領域的人和你之間便有了更強烈的共識。

　　透過區分目標的生命週期，每個階段的特點將變得明確，也能更好掌握目標。我並沒有特別擅長的運動，這是我察覺自己「只會一點瑜珈，只會一點跑步，只會一點皮拉提斯」後得到的結論。所以我曾想過：「為什麼我這麼沒有耐性，如此三心二意？」然而，等到弄清楚目標的生命週期後，我告訴自己：「原來是正處於不斷

摸索運動領域的時期。我不是容易變心，只是還沒發現足以成為目標的有趣運動！」於是在開始下一種運動項目前，得以自我勉勵：「這次也會是一次快樂的體驗！」益發享受探索過程的樂趣。

我經營 YouTube 頻道時，曾明確地察覺自己陷在目標停滯期很長的一段時間。在過去，我只會想：「唉……YouTube，要再做一次才行……」現在的我則會思考有什麼辦法能脫離停滯期，重新回到成長期。因此，我想了一些點子，像是「調整編輯的強度，降低壓力吧」「如果用 V-log 管理時間好像很有趣」，成功脫離停滯期。

你的目標現在滯留在哪一個階段？假如你覺得自己時常滯留在探索期，就自問以下幾個問題吧。是否還需要更多的探索時間？或是有什麼阻礙，導致無法邁入目標生成期？另外，如果覺得跨不過停滯期的門檻，仔細想想是否有過克服停滯期的經驗，又該如何套用那些經驗。

然後寫下你現在所擁有的各種目標，思考能做些什麼，才能讓這些目標順利邁入下一階段。充分理解目標的生命週期，懂得自我診斷問題點，便能掌握看待它們的心態，明白現階段要欣然接受腳步暫停，還是該推自己一把，堅持到底。

「計畫→執行→查核」
最佳時間管理週期

至今為止，你都如何管理時間？現在想透過本書來強調一個概念。

制訂計畫，然後實踐。到目前為止，大部分的人都做得很好，但遺漏了一件事，就是查核。這裡說的查核不只是檢查「做」與「沒做」（實行查核的方法將於第六章詳述）。假如利用 BLOCK6 視覺化時間是〈BLOCK6 系統〉當中的「BLOCK6」，那麼「計畫→執行→查核」的概念便等同於〈BLOCK6 系統〉中的「系統」。透過持續循環「計畫→執行→查核」的週期，其重要性相當於將一天分成六區塊，把時間視覺化。

事實上，這是一種名為 PDCA 的生產管理概念，意義為 Plan（計畫）→Do（實行）→Check（查核）→Act（行動）。如果不知道 PDCA 循環，就無法細究生產管理。這是源於工業革命時代，為讓工廠效率大力提升，繼而產生的概念。現今不只是製造業，還適用於很多領域。從下述範例可以發現，PDCA 循環幾乎融入在現今的生活當中。

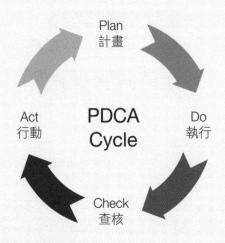

學生的PDCA循環

　　回想學生時期的備考期間。在考試來臨前會先制訂讀書計畫（Plan），依照所剩的日期天數，訂立每天讀多少分量。然後按照計畫執行（Do），接著寫練習卷確認讀書的方向是否正確（Check）。最後針對答錯的題目，找出對應的範圍重新複習（Act）。直到考試前，學生都會重複著這樣的循環進行準備。

教授的PDCA循環

　　教授必須在學期開始前制訂授課計畫（Plan），接著配合計畫進行教學（Do），在學期結束時接受評價（Check），然後以授課評價作為參考基礎，確認有哪些部分應該修正（Act），再制訂下學期的計畫。這便是教授的 PDCA 循環。

上班族的 PDCA 循環

對上班族來說，無論專案規模的大小，都適用於 PDCA 循環。制訂專案計畫（Plan），依照計畫執行（Do），接受專案成效評比（Check），然後做出對應處置（Act）。

醫院的 PDCA 循環

試著想像，今天你因為手骨折，需要去醫院看診。假如問我：「這時候也可以套用 PDCA 循環嗎？」答案是完全正確。醫生在診斷後會訂出治療計畫，「打石膏大約三個月，然後吃藥觀察。」就是計畫（Plan）。然後按照計畫打上石膏（Do），幾星期後重回醫院照 X 光（Check），醫生看完檢驗結果，可能會說：「看來可以比計畫更早拆掉石膏」或是「啊……看來還要再一個月」（Act）。

當利用這種方式留意身邊的事物，會發現 PDCA 循環的例子無所不在。現在就思考一下，如果你能有效地將它套用在工作職場，是否也能適當地應用在生活當中？如果將 PDCA 循環附加在把一天分成六區塊、一週分成四十二區塊的 BLOCK6，導入自己的生活，你將會擁有強大的時間管理系統。再一次強調，良好的系統能帶來好的結果。

接下來的四～六章節，我將會論述計畫、執行、查核階段中，一定要知道的詳細攻略。

Chapter

4

PLAN：
制訂計畫，無價值事斷捨離

再難遵守，
也要制訂一週計畫

　　無論是上班族、自由工作者、家庭主婦或學生，通常會在怎樣的情況下同時感到幸福？我持續觀察時間區塊團隊成員和自己「感到幸福的瞬間」，結果發現，當能夠自行規畫時間並付諸行動時，是最感到「幸福」的時候。出門旅行、享受美食、考試結束後所帶來的幸福平淡且不持久；然而，無論學習、工作、玩樂，當計畫遇到阻礙仍能實現時，都會毫不猶豫說自己很幸福！

　　得以讓我們成長為一個具有時間控制能力且維持良好的「時間支配者」，箇中秘訣就是制訂「一週計畫」。

　　曾經有人問我：「你為什麼選一週計畫？不是還有年度、季度，或是每月、每日……為什麼認為一週計畫最重要？」首先，就如同我在第三章對「目標」的敘述，基於每個人的目標種類和對應的生命週期都不一樣，並非所有人都能以年度、季度、月份制訂待辦事項。再者，即便是這三項中最短期的每月計畫，想把實際的計畫融入生活也不容易。假如一次計畫一個月，中間可能需要一直修正，事實上就連今天下午能否遵守今天的日程，或是會因為主管要

求緊急處理某件事而推遲，都不得而知。

換個角度想，如果只制訂一天的計畫會如何？雖然可以用心度過每一天，卻很難看見整體生活的平衡。但假如是一週計畫，自然能把這一週當成人生的縮影，花時間思考目前該專注的事、需要為此騰出的時間與空間，以及工作、家庭、自我、社交關係的平衡。

在過去的有段時間，我只制訂每日計畫，不但沒有機會思考：「雖然用心在過每一天，但我現在是朝哪裡前進？」還老是**把寶貴時間奉獻給他人無時無刻的要求，過著毫無底線的生活，讓自己被牽著鼻子走**。

一週是最適合同時端詳未來和現在的區間。不僅考慮到生活的平衡，又能把每天的待辦事項轉化為行動，根據我的經驗，這是個可以同時眺望樹木和森林的適當距離。

如果情況允許，我通常會空出週日下午以後的時間，沉澱心靈，為下一週做準備，即便只有三十分鐘，你也可以做這樣的預備。打開計畫表，在空白的一週四十二個區塊，先寫上工作或上學這類的固定時間，以及事先訂下的約會。

然後數算剩下的區塊，確認一星期中有幾個區塊能夠自由發揮，再決定寶貴的區塊要用在哪些地方。比方說，當這週是考試期間，重視課業的學生 A 會選擇以「讀書區塊」為主，有必要的話，說不定還會尋求朋友的諒解，取消早已約好的電影邀約；如果是忙完專案的上班族 B，想與久未碰見的朋友或家人相聚，就先把平日下午和週末區塊排入約會行程，儘管如此，由於已下定決心週二和周四晚上要鍛鍊身體，他會在相應區塊寫下「運動」。現在開始，

用心思索對自己最重要的事，進而學習取捨一週的日程吧。

平衡和掌控的力量

　　然而，實際上真的會照辦事先制訂的一週計畫嗎？當然不會。就連我也時常在一週內不斷進行修正，但即便如此，仍要制訂一週計畫的原因是什麼？

　　上班族 B 下班後，原本想去運動，但接到朋友的電話說要聚餐。假如他沒有一週計畫，或許就會根據當天的心情，考慮赴約。如果是尚未執行一週計畫以前的我，因為喜歡和人相處，又很即興，百分之百會放棄運動去聚餐，過幾天後就開始懊惱：「啊……這星期都沒運動。」

　　可是，有了一週計畫的上班族 B 會怎麼做？他制訂計畫時，曾想過就算其他時候再怎麼貪玩，也一定要遵守週二和週四的運動區塊。已經下定決心的他，對於朋友邀約的反應會是什麼？即便是即興派的我，自從開始制訂一週計畫後，每當收到邀約也會先看計畫表，加以思索：「我已經決定週二和週四要運動……該怎麼辦？現在想和朋友碰面的念頭，勝過運動嗎？」或者「我現在如果和朋友出去玩……，這週還有時間去鍛鍊身體嗎？」苦惱如何取捨事情的優先排序，斟酌是否要調整，才能兼顧一切。是否能去運動、要不要和朋友見面已經不重要，重點在於這個選擇具備多少的主動性。隨著自己取捨時間的經驗愈來愈多，愈能感受到「我正活在自己主導的生活，不再被牽著鼻子走！」因此，不管有沒有確實遵守，**制**

訂一週計畫可以大幅提升掌控時間的能力。

「抽出時間制訂一週計畫後，我不再害怕星期一。」「每星期思考當週生活平衡的機會實在太珍貴。我因為工作太忙，早就放棄個人時間，現在能在一星期中找到一些屬於自己的時間，真的很開心！」「毫無頭緒地度過一週時，過得非常散漫，果然還是要制訂一週計畫，才能展開新的一週！」

已經有許多人明白，不管有沒有實踐，取捨一週事情的優先排序，才是提升時間掌控力的鑰匙。你不會想體驗看看嗎？試著堅持一個月。倘若認真制訂一週計畫，只要四個星期，「控管時間的能力」勢必會比現在好上許多。

制訂一週計畫三步驟

步驟1：請在一週四十二區塊中，填入上班、上學、約會等固定日程。

步驟2：在剩餘的區塊中填入想做的事。運動、看電影、研習感興趣的課程、休息、旅行等等，無論是什麼都沒有關係。

步驟3：這週是否有足夠的時間區塊完成該做或想做的事情？嘗試清空內容較不重要的時間區塊，替換更有價值的事，直到找到自己滿意的平衡。

請嘗試在 BLOCK6 中制訂下週計畫

	MON	TUE	WED	THU	FRI	SAT	SUN
1							
2							
3							
4							
5							
6							

和購物清單一樣簡單的
每日計畫表

　　每天都是實戰，為讓實戰順利進行，需要一個比一週計畫更加詳細的每日計畫。其涵蓋的不僅是一天六區塊的代表詞彙，還有區塊中不可錯過、必須留意的事情。

　　首先寫下六個區塊的標題，描繪出一天的輪廓，然後在區塊旁邊註記細節。不過這和一般的檢查清單（Checklist），也就是按照自己想到的順序或時間順序寫下的待辦清單（To-Do List）有什麼差異？

　　我認為寫購物清單和寫每日計畫有很多共通點，所以這裡以購物清單舉例說明。

〔購物清單一〕

牛胸肉、香油、蕨菜、鹽、啤酒、美式生菜

〔購物清單二〕

牛胸肉大醬湯：牛胸肉、美式生菜（搭配食用）

小菜：蕨菜、香油、鹽

飲料：啤酒

〔購物清單一〕和〔購物清單二〕要買的內容相同，但兩者有所差異。〔購物清單一〕羅列出所有要買的食材，〔購物清單二〕則是先寫出晚上要煮的菜單，再把每樣菜需要的材料記在一旁。換句話說，便是清楚記錄了購買這些材料的原因。

顯而易見，帶著〔購物清單二〕去超市，會比〔購物清單一〕更有機會按照計畫行動。雖然相較於不寫購物清單已經好上數倍，但由於〔購物清單一〕並未點明「購物目的」，當你在逛超市的過程中，很有可能不斷被其他好食材吸引，忘記自己原本是為了「大醬湯和小菜」材料而來，迷失在超市當中。嚴重一點，甚至會完全忘記大醬湯和小菜，等到回過神來，已經發現自己吃著咖哩當晚餐！（哈哈，這絕對不是我的故事。）

反之，帶著〔購物清單二〕時，因為「目的」明顯，相對提高按照計畫購物的機率。可以知道「為什麼要買這個」，完美地配合菜單購物，途中說不定還會想起寫購物清單時遺漏的必要材料。此外也能根據不同的情況，彈性變更原計畫。例如：購物當天發現海鮮比牛胸肉更新鮮便宜，可以變更選擇：「看來比起牛胸肉，今天更適合買蛤蠣。今天菜單就換成海鮮大醬湯吧！」菜單從牛胸肉大醬湯修改為海鮮大醬湯，既未完全跳脫計畫，又有一定的彈性。

規畫每日計畫時也一樣，我們必須在〔購物清單二〕這樣的大標題下寫出待辦清單。或許你已經體驗過這種方法，然而計畫中假如少了「為什麼要做這個？」這樣的主題，只是一味列舉待辦，將會喪失目的性，使得容易被其他事情影響。

很多時候，往往會礙於必須和身邊的人互動，難以按照自己

☐ 3pm 開會		
☐ 編寫報告草案		
☐ 調查資料		
☐ 找出關鍵字	**VS.**	
☐ 準備會議資料，確認會議室		
☐ 預約專案 A 會議室，發出日程		
☐ 整理 會議內容，轉傳資料		

3	會議	☐ 3pm 開會
		☐ 編寫報告草案
		☐ 調查資料
4	專案 A	☐調查資料→找出關鍵字
		☐ 編寫報告草案
晚餐		☐ 預約會議室，發出會議日程
5		

的計畫度過一天。因此努力遵循計畫的同時，能夠根據情況彈性變更，通常對自己和他人較有益。寫下區塊標題，並在其中列出待辦的方法，可以讓你迅速應對各種狀況。因為你很清楚自己現在正在做的事情目的為何，以及輕重緩急。就像你按照超市供貨的狀況，迅速決定菜單從牛胸肉大醬湯改成海鮮大醬湯那樣。

　　迄今為止，你都如何規畫並記錄一天的？是在一天開始前，先確認當天行程，把所有想到的代辦一一列出，然後依照完成與否再一件件畫掉嗎？你不覺得這種方法偶爾會讓人焦躁，覺得要做的事很多，但時間永遠不夠？假如把一天分類成幾個區塊，並在對應欄位寫下待辦，就能專注目前區塊，不去在意其他的事情。即使要做的項目並沒有減少，但當下只需要做單一區塊內列舉的事項，心情自然比較輕鬆。以〔購物清單二〕為例，你會說：「好！現在已經買完牛胸肉大醬湯的材料了，接下來就去買小菜吧。」

　　我每天睡前都會先寫下隔天的六個區塊，起床後重新審視一遍，光看六個詞彙，便能勾勒出一天大致的輪廓，明白六個區塊中

哪個須施力、哪個可放鬆，如此可賦予自己相當的安全感。

接著會在開始一天時，寫下每個區塊中應留意的細節，也會新增更詳細的內容。以不同區塊為單位寫下細節的另一個好處是，當你來到下一個區塊時，如果上個區塊還有事情未完成，你可以決定是否繼續或中斷這件事。假如是毫無分類、單純列舉的待辦清單，延誤一件事時，通常全部的計畫都會跟著延宕。倘若能用區塊事先分類，待辦就不會如同骨牌般同時被推翻。

利用 BLOCK6 制定每日計畫的優點，總共多達五點：

1. 光看六個區塊的詞彙，便能勾勒出一天大致的輪廓。

2. 待辦的目的性變得顯而易見。

3. 能夠靈活應對各種狀況。

4. 能夠專注於目前要做的事，並且較為從容。

5. 假如有一件事被延誤，後續的安排不會如骨牌效應被推翻。

這是一種可以更輕鬆簡單改變生活的方法！你應該沒有理由不把它套用在自己身上吧？

提高實踐力的「BLOCK6 每日計畫表」填寫方式，如下：

Zone 1：思考一天輪廓，選出最重要的六個關鍵字。（例：晨間例行公事、工作、寫報告、看書、運動、家族聚會、約會、看電影、散步、休息等等。）

Zone 2：寫出每個區塊對應的詳細內容。

Zone 3：寫出結束每個區塊後感受到的評價，或完成後的感想。

/ 日期		
Zone 1	Zone 2	Zone 3
1	☐ ☐ ☐	
2	☐ ☐ ☐	
3	☐ ☐ ☐	
4	☐ ☐ ☐	
5	☐ ☐ ☐	
6	☐ ☐ ☐	

核心區塊：
絕對要完成的生活重心

「沒什麼問題的生活，反倒可能最有問題。」

透過時間管理，我更加頻繁且深層思考優先排序。在這個喚醒自己人生的時刻，我突然感到惶恐。年薪超過七千萬韓元的穩定職場、還滿有趣的工作、微不足道的週末日常，不是特別滿意，但也不到不滿意的生活。然而發現一個令人驚恐的事實，在這個毫無風險和挑戰的生活中，我不知道從什麼時候開始，不再有印象深刻的事，也不再成長。「活得快樂嗎？」「明天值得期待嗎？」自己也回答不出這些問題，我這沒什麼問題的生活，竟是最大的問題。

制訂一週四十二區塊計畫的時候，你最重視哪一件事？工作、家人、運動、閱讀、家事、朋友、嗜好等眾多種類中，「一定」要按照計畫去做的是哪個區塊？無論是否生病、厭煩、犯睏、疲倦，也**一定會想盡辦法去做的區塊，我稱之為「核心區塊」**（Core Block），**也就是生活重心**。

運動分為上肢運動、下肢運動等類型，其中有一種是核心運動，這種鍛鍊相當重要，能加強支撐身體中心的肌群，只要核心夠

結實身體就能穩定平衡。同理，核心區塊負責打造我們的生活核心，並從這個問題開始著手：「應該聚焦在哪裡，做好哪件事？」眾多區塊之中無論如何都想實現的事，就是核心區塊，其種類不只因人而異，有時候就算是同一個人，也會因時期不同而出現落差。

有些人認為晨間例行公事是一定要做到的核心區塊，就算其他的事辦不到，也要早起擁有專屬的個人時間；有些人則認為運動區塊一定要做到，即便無法看書、減少與朋友見面、少看電視，也要按照計畫鍛鍊。另外，對於專注工作的人來說，核心區塊可能是在指定時間內停下手邊事務，進入休息階段；但對某些人而言，反而是一項艱困、費力的課題。

以我為例，這兩個月的核心區塊主要是寫作，即便不能按照計畫運動、無法看太多書、要減少聚會時間，但只要實現寫作區塊，那天總是令人特別欣慰。反之，如果我其他事情都做得很好，卻沒達成寫作目標，那天睡前便會十分空虛。

我建議**一次只要指定一種核心區塊**。有些人會同時選擇「閱讀、運動、健康飲食」三種，我能夠理解這種想要做好每件事的心情，但如果都視為核心，或許會產生出每個都差不多的誤會，認為沒有特別重要的事情，這樣可能導致任何一件事都無法完成。所以請選出一種無論如何都要做到的活動種類，當作核心區塊。

進一步思考這個核心區塊，是否有足夠的時間達成預設的目標，假如不夠充分，又該如何爭取更多的時間。就我的經驗，儘管只有一種項目也很難守住，所以務必先從最首要的區塊做起。自問選擇這一項的原因，並且努力維持核心區塊的數量，這麼做不僅可

以讓你的人生核心變堅實，透過不斷訓練，迫使你順利達成目的。

每星期制訂核心區塊，堅持貫徹此系統的團隊成員，在回顧自己的上週時有這樣的評價：「雖然我這星期的計畫只有部分做到，有部分未能完成，但我沒有漏掉任何一個核心區塊，因而感覺這星期過得特別好！」但也有可能出現另種狀況。

目前是上班族的周媛小姐，正在準備一個重要考試。她平日晚上和週末都會讀書，所以將讀書區塊選作為核心區塊。有次，周媛小姐評價自己的前一個月時，說了這樣的話。「這個月因為身體狀況不太好，不夠認真讀書。但回顧一整個月的情況，我發現自己度過許多幸福的時光。無論是社交層面或是工作方面都比之前讓人滿意，但想到自己沒有好好完成核心區塊，還是覺得自責。」

找出做得好的一面肯定自己當然比自責重要。我也在這段對話中，發現一個關鍵且不錯的訊號。即便整體生活沒有太大的問題，她也沒有耽溺於此。也就是說，她沒有忘記曾下定決心要在這週完成核心區塊。我想這是一個很好的證明，當一個人對核心區塊執行與否有感到壓力，就表示他正在練習不去忘掉「重要的事」。

對在意核心區塊的人來說，不會有所謂的「沒什麼問題、還可以的生活」。你如何看待自己的生活？想選擇什麼作為核心區塊？這個月、這週、今天要做的事情中，哪件事是一定要做的？選定一個即可。堅持做到之後，你在自信、自尊和生活的重心平衡將會更加穩定，產生的核心力量將帶領你度過不只是還可以，而是相當滿意的生活。

排定休息區塊，
做事效率值能提高

「你必須了解休息並非無謂地浪費時間。」

——戴爾・卡內基（Dale Carnegie）

　　眾所皆知，適當的休息對身心而言不可或缺，但現實中很少有人適當地將其安排在自己的生活。特別是像我這樣想做的事情很多，無法靜靜待著的人更是如此，因為會認為休息等同懶散。

　　不過我們有必要回歸到本質，仔細思考進行時間管理的本意。進行時間管理追求的是**「做好最重要的事，獲取成果」**，而非想要**做更多的事情**。如果想要專注在重視的事，獲取相應成果，便需要擁有適當的能量。人很難以倦怠的身心創造出最佳成績，在很短的時間內或許有機會，但長期來說近乎不可能。

　　「熱情」之所以轉瞬即逝，其中一個原因就是缺乏妥善的休息。這意味著我們沒有充足的能量維繫最初的熱情，這時必須觀察自己老是未能執行計畫，不斷重蹈覆轍的主因，是不是因為體力和專注力枯竭，讓意志力消耗殆盡。假設是這樣，解決之道便是透過

計畫和實行「休息」，這和努力計畫和堅持完成其他事情並無二致。

對我來說，**休息一定要有計畫**。我有一套區塊安排模式，便是在授課後加上休息區塊，當天的排程將「備課～授課～休息」三件事綁在一起。建立這種模式之前，我通常會在授課後安排其他行程。有在授課的人應該都知道，講師在課堂前幾個小時就會開始消耗體力，更別提課堂途中需要耗費掉的心力。

結束課程後體力已所剩無幾，想再消化行程常會出現許多問題。假如是獨自工作的區塊，本來只要做一小時的事，可能要花三小時才能做完；和其他人共同進行的工作，光聽對方說話就備感困難。因為我的專注力已接近谷底，聽到一半便會不自覺地發起呆，當然也無法做出適當的回應。如果是重要的商務約會或和舊識見面，或許會帶給對方一種我和他們相處缺乏誠意的印象。要是親近的朋友，還可能會擔心的問我：「妳看起來好累，是不是要早點回去休息？」這種行為就和約會時不斷盯著手機一樣失禮。

經由反覆觀察，我發現自己授課後的區塊效率很糟，緊接在後的當日行程也常走樣，我便開始空出授課後的區塊作為休息使用。期間會小睡三十分鐘到一小時，在剩下的一小時內吃些點心補充體力。就算有時候因為要做的事很多，心情忐忑，也要記取效率並不會提高的經驗，安撫自己的情緒，先小憩片刻。

利用一個區塊作為恢復體力之用，便能活力充沛的度過這一天剩餘的時光。當徹底休息後，會讓人感覺重返神清氣爽的早晨區塊，反倒能使當天剩餘的時間大幅提升效率。透過這樣的經驗，我

學會在授課後排進休息區塊。

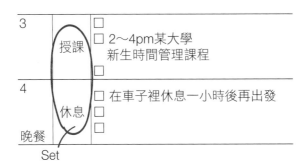

　　休息時間沒有佔據一整個區塊也無妨。但如果你做的事和我授課一樣，需要消耗大量體力，最好是休滿一個區塊。請試著找出你在一天當中的哪個時刻、用何種模式休息時，最能帶來效率和幸福感吧。

　　再次強調，請別忘記時間管理的本質，我們**不是為了做完每件事才管理時間**。重點是要透過時間管理，順利完成帶給自己幸福的事情，而非耗盡所有力量，但卻沒完成重要的事。期盼你我都能享有更從容、更具成果的生活。

透過緩衝區塊，
可以得到彌補機會

　　無法遵守自己看重的計畫有幾個因素，有時是因為其他急事，臨時無法在原訂時程內達成計畫；有時是因為所需時間比預期更長，所以無法如期完成。

　　倘若一直無法按照計畫實踐最重視的核心區塊時，該怎麼辦？為求捍衛自我的本質成長和幸福，我們必須堅守核心區塊。你要因為急事一再讓步到什麼時候？何時才要放棄追求全部做完，學會滿足於剛好的程度？

　　假如你讓生活充斥著立刻要做的事，將永遠無法縮短與真正想要的人生之間的距離。正如同遊戲中有敗部復活制，我們的核心區塊也該有敗部復活的機會。要是因為忙碌沒有守住核心區塊，便判定永遠失格，豈不是太不近人情？

　　我替核心區塊**事先準備了敗部復活用的「緩衝區塊」**（Bumper Block）。緩衝器是一種在遇到衝擊時，負責吸收衝擊力道，減少車體損傷的裝置。

　　碰碰車便是運用這個原理，在車體四周包覆充滿空氣的橡膠輪

每週一次上傳 YouTube 影片變得可行的緩衝區塊

	MON	TUE	WED	THU	FRI	SAT	SUN
1	睡眠	晨間例行公事	晨間例行公事	睡眠	晨間例行公事	晨間例行公事	睡眠
2 午餐	休息	工作	工作	工作	工作	工作	運動
3 Ⓑ		工作	工作	工作	工作	工作	婚禮
4 晚餐 Ⓑ		工作	工作	工作	工作	工作	婚禮
5	外食	運動	影片編輯	Ⓑ	運動	和朋友見面	TV
6	休息	影片編輯	影片編輯	Ⓑ	影片編輯	和朋友見面	TV

胎，把衝擊轉化成人們都能樂在其中的遊戲。我同樣在自己的核心區塊準備了這樣的緩衝裝置。

緩衝區塊讓你即使被無法預知的變數影響，無法實行核心區塊時，也不用在實行與否的欄位畫上一個無情的 X。每週預留一到兩個空白區塊，能方便核心區塊未實現時使用，原理就像應急基金。

假如你不得不在核心區塊原定時間內做其他的事，導致核心區塊的工作難以如期完成，這段時間便能派上用場。像是備課、發送

培訓郵件等要在一星期內完成的緊事；或是收聽線上課程這類屬於投資未來，相對不急迫但可能擠壓到其他事區塊的事，最好先準備緩衝裝置。

多虧了它，現在就算有預料之外的事發生，我也不會因為「現在應該要做核心區塊啊！」這樣的想法變得敏感，悶悶不樂想著重要的事又要被拖延。

此外，假如一切按照計畫順利進行，緩衝區塊的空白時間將會成為禮物般的存在，讓你雀躍不已：「唷呼！這星期的待辦事項都已完成！要怎麼運用這段空白時間玩樂呢？」

我也指導那些無法實踐重要計畫的時間區塊團隊成員，如何制訂緩衝區塊，感受到其效果的成員們，都開始將緩衝區塊加入自己的一週計畫。

「緩衝區塊令人放鬆許多。儘管突發事件打亂計畫，都能讓我保持平常心。不管是工作或是私事，都相當有助益！」

「週末安排緩衝區塊後，終於能收尾平日沒做完的功課，而且如果我事先按照計畫完成功課，還能在緩衝區塊盡情玩樂，感覺就像收到禮物！」

「我在晨間例行公事期間內想做的事很多，因此常寫滿計畫。但如果睡得比較晚或需要早點上班，往往還沒完成所有的事，就要出門工作，那樣導致一整天都感到彆扭。不過，我現在會保留平日的第六個區塊當作緩衝，想到有時間能繼續晨間例行公事期間無法完成的事情，我之前那種整日不舒服的心情都消失了！」

緩衝區塊和休息區塊並不相同。休息區塊是事先計畫的休息時間，但緩衝區塊是完成任務後的加碼時間，或是當你事先達成所有工作時收到的贈禮，也就是額外多出的時段。應急資金最大的魅力就是在危急時刻能拿出來使用，又不影響其他預算。而且，它也會使內心變得踏實。

你何不也試試，每週預留一到兩個緩衝區塊作為核心區塊？

別再不切實際，
修正是計畫的最基本

分享一個關於時間管理的有趣說法。據說，時間管理菜鳥不會按照計畫行動，而更菜的人以為一切都按照計畫執行。

世界上沒有萬無一失的計畫，縱使近乎完美仍然需要一再修正。尤其是上班族，修改計畫完全是家常便飯，時常不到九點，我便聽見主管大喊：「鄭代理！」*以及另一頭響起的電話聲，這時我不用聽內容也會先嘆口氣，應該是預料會聽到「剛才制訂的計畫已經被打亂」了吧？展開工作前預先制訂的計畫，總在九點以前便面臨修正，在公司裡，不要說員工就算貴為老闆，也難以擅自決定工作的優先排序；計畫老是生變，例如被要求完成臨時交辦的任務，或者必須先處理與其他部門合作的業務後，才能開始進行自己的工作。

除了來自外部問題，源自內心的變動因素也不少。我們在制訂

---

*譯註：韓國職稱，和台灣的主任職級相近。

計畫時總認為全都做得到，但開始實行時，心情卻老是疲倦和不耐煩，這些狀況其實不難想像，但在當下根本看不到這些干擾因素。

是什麼原因導致經常需要修改自己精心制訂的計畫？先回想訂立計畫時的情景，在沒什麼人上班的寧靜清晨或令人心情愉悅的週末，倒杯咖啡獨自在計畫表上寫下待辦事項，每當那時四周便會充滿著一種「我什麼都做得到」的積極氛圍。「計畫」在自己的書桌前、腦海中形成，會以當時的心態、擁有的力量為基礎去制訂。然而，即便只是一小時後，自身的心態、體力也會和計畫當時不同，更不用說是一天、一星期、一個月以後了。

因此，每當情況出現轉變時，就該適當地做修正調整，但這句話不是要求你改變方向。設定行車導航時，即便已經在眾多前往目的地的路徑中擇一，導航也會在行駛過程中持續找尋最佳路徑，假設它判定一開始設定的路線比想像中壅塞，走其他的路會更快捷，就會出現「為您規畫新路線」的語音訊息，儘管目的地沒有改變，導航也會根據實際情況指引最合適的路徑。就連路線導航都需要根據路況持續更新，更何況是我們的計畫？所以修正和制訂同等重要，時常審視所處現況，且依需求積極修正。

會發現最近各家企業的商品生產週期都很短，他們縮短了按照目標設定計畫、快速實行、確認回饋意見、修正內容的循環週期，傾向推出在短期內就能生產的高性能產品，然後參考客戶的反應進行版本升級，而不是發布一個必須花上許多時間製作的百分百完美產品。據傳亞馬遜、酷澎（Coupang）、Kakao、小米等企業目前都是採取這種工作模式。

由於新冠肺炎疫情的緣故，世界的重心轉向網路，加快了循環週期，變化的速度快得連新常態（New normal）這樣的單字都令人感覺過時。許多規則配合網路脈動調整變化，沒有人知道確切的成功公式，因此選擇了以快速生產、亮相、收到回饋後立即修正升級的方法，取代絞盡腦汁集成使用者喜好，歷經長久時間打造才問世的模式。這也表示世界變化太快，既有計畫必須加快腳步，以配合現實週期。

　　不僅是工作層面，我們也必須在日常計畫中建立流程，來因應頻繁的週期變遷。我想像了無人打擾的寂靜時光，安靜坐在原地制訂計畫的瞬間，如果相信把這個計畫導入現實時，能夠一帆風順，這和夸夸其談有何不同？即便我們擁有明確的方向和目標，也必須能夠迅速修正實務計畫，才能成為更有趣與有效率的人。

　　簡而言之，相信全數計畫都能徹底實踐是不切實際的，想要使它們貼近現實，就必須保持經常性的修正。

DO：
執行力十策略，成效百分百

策略一：
防干擾五步驟，專注不被打斷

「天啊！我做到哪裡了？」

想必我們都有過專心做某件事，卻突然被外界干擾而中斷思緒的經驗，即便努力想恢復原先的專注狀態，也要很長的時間才能做到，或者根本回不到原本的狀態。

完全不受打擾、聚精會神的兩小時，和同時必須處理電話、簡訊的兩小時，兩者間雖同樣的時程，工作品質卻存在很大的落差。

假如在 BLOCK6 系統放入固定時間和塊狀時間，將會看見差異。我們普遍會在一週裡固定安排必須長期維持的項目，像是運動、學習外語、讀書等，非屬此類的塊狀時間則視情況安排，不過每次出現至少都會安排兩個區塊或以上，這是為了能使自己完全投入工作，才會如此分配。**專案或需要創意的工作**，特別適合使用**塊狀時間**，因為進行這些工作時，如果能夠全神貫注、不受任何打擾，工作成果將會比使用零散時間好上許多。以我來說，通常會在企劃、決策、寫作、編輯時使用塊狀時間。

不只我強調塊狀時間區塊的重要性，著名的「管理學專家」

彼得・杜拉克曾說：「對於知識工作者而言，『連續』利用時間非常重要。如果知識工作者想要實現目標，必須能夠大量使用連續時間，尤其是所有的經營者。」

正如同彼得・杜拉克所強調，多數的人們在一天當中都要有部分時間是以知識工作者來度過，同時也必須自我經營，我們有必要記住這段話。

固定時間
必須在週期內定期執行的工作

	MON	TUE	WED	THU	FRI	SAT	SUN
1	看書	看書	看書	看書	看書	看書	
2							運動
3		運動		運動			
4							
5							

塊狀時間
必須在週期內定期執行的工作

	MON	TUE	WED	THU	FRI	SAT	SUN
1						制定行銷策略	
2		寫企劃					
3							
4							
5							

比爾・蓋茲（Bill Gates）以實行「思考週」聞名。一年兩次，每次約一週的時間，他會帶著裝滿書籍和文件的巨大環保袋，住進一間小屋。在這段期間內，他會斷絕和外界的所有接觸，不受任何打擾，獨自進行深入研習和思考。這些企業界的最高經營者刻意爭取塊狀時間，便是因為他們深知這樣的時段能帶來深層的投入和極高效果。

活用塊狀時間的五個階段

接下來，分成五個階段作說明，如何在忙碌的日常生活中確保並善加利用塊狀區塊。

第一階段：挑出需要利用塊狀時間的工作

首先，我們要做的是在寫完待辦清單後，挑出其中帶有專案性質的工作。這類工作相較於擠出三十分鐘、一小時來執行，更適合運用兩個小時以上的時間潛心研究。

第二階段：卡位

日常中往往因為忙於朋友聚會，透過線上課程的自我學習以及身體鍛鍊等等，很難保證自己能有塊狀時間，所以必須先「卡位」。

我通常會在月初時，就先預留當月的塊狀區塊，然後在其他事情占據我的時間之前，提前計畫要做什麼、執行多少進度，又該在什麼時候落實。

列出第一階段所挑出的工作後，接著決定事情該在什麼時候執行多少進度。如果計畫愈明確，就愈能感受到塊狀區塊有多珍貴，也更能聰明應對額外的約定。事先卡位，**明確定義那段時間內該做什麼事，以及執行進度的多寡，這是活用塊狀區塊五個階段中最重要的一環。**

我的塊狀時間運用

選擇	時間點	執行度

需要塊狀時間的工作項目	時間點	執行度
集資詳細頁面草稿——初版	23日第2、3、4區塊	完成整體草稿
集資詳細頁面草稿——二版	26日第3、4、5區塊	完整編輯、決定照片
集資詳細頁面照片、影片企劃——資料蒐集	27日全數區塊	各種顏色搭配
集資包材資料蒐集、遴選	29日第3、4、5區塊	資料蒐集、叫貨
影片編輯課程企劃和示範影片製作	19日第4、5區塊	完工

第三階段：遺忘

選定時間後請先「遺忘這件事」，不要時刻都惦記著：「這個我也要做，那個我也要做，什麼時候才能做完？」這樣會產生被催促的感覺。不習慣這樣的思考，你將受到那些不用立即實行的事情影響，難以專注於現在。請把精神集中在當下，暫且忘記未來要做的事，你可儘管放心，因為早已經預留之後要做那些事的時間。

第四階段：設定環境

創造一個能夠完全活用塊狀區塊的環境，像比爾・蓋茲那樣，實行「思考週」，住進小屋一個星期的方法便屬於環境設定。

我曾在寫書時，搬到位於江原道平昌的冥想村住了一週。可能會有人認為，老公出門上班後獨自在家寫作和去冥想村寫作，兩者

並沒有什麼不同，但實際上相距甚遠。如果待在所謂家的空間，思緒無法專注，例如想起掃地、洗衣服、冰箱裡的年糕等等，從根本上來說，投入的狀態和遠離這一切的空間有很大的差別。因為這樣的經驗，我得知周遭的空間、聲音、溫度……對自己的專注力有多大的影響。回到家後，每當遇上塊狀時間區塊，我就會先從「環境設定」著手，想辦法讓自己盡量投入。例如將手機切換成「勿擾模式」，登出電腦版 kakao talk∗，就能感受到完全不同程度的沉浸感。

請想辦法讓自己專注在區塊之內，與外界徹底隔絕吧！

第五階段：無條件去做

萬事俱備，現在只要做就對了。當我進行塊狀區塊期間，如果覺得自己坐不住時，都會嘗試用一個句子撐到最後。這句話來自著有大河小說＋《漢江》、《阿里郎》等作品的作家趙廷來（Jo Jung-rae），其創作小說《富麗堂皇的寫作地獄》中的句子。

「如果小說寫得不順利，別想用其他的方法轉換心情，應該更靠近書桌，下定決心寫到最後，再遠離它。」

期盼我們都能在那段前一個月就先卡位，並於和自己約定好的「塊狀時間」內，完成決心要在此期間做到的事情。

∗譯註：韓國最多人使用的通訊軟體。

＋譯註：譯自法語 roman-fleuve，意指「連續性的長篇小說」或是「系列小說」。通常分成很多卷冊，每一卷冊也都能自成一體，內容主要描述一個中心人物、民族家族的某一段歷史時期發展。

策略二：
精力別錯放在管理零碎時間

　　心肺復甦術是一種在自發性心臟停止的人胸口施加物理壓力，促進血液循環的急救方式，施行時有兩個要點，其一是速度，不能太快也不能太慢，建議速度是每分鐘一百下；事實上，有些人教育醫療人員時，會配合歌手PSY的歌曲〈Champion〉來練習。

　　其二是按壓胸口到正確深度後，確實地鬆手使其回彈；專家建議施行心肺復甦術時，先按壓胸口至五公分左右的深度，待胸口回升後，再重新施加向下的力量。我們按壓的瞬間，心臟內的血液會被物理的力量傳遞到全身；鬆開手的那刻，血液則會再度流回心臟。如果這時沒有給心臟足夠的時間匯集血液，和不斷按壓近乎沒有血液的心臟肌肉沒有兩樣，也就是毫無用處的行動，這種狀態稱作心臟缺血。

　　這種錯拍的心肺復甦術會帶來什麼結果？由於是在患者心臟缺血的狀態下施行，所以即使按壓心臟的人累得半死，患者復活的機率仍舊渺茫。

　　提到心肺復甦術，是因為我想強調「施力和放鬆」的時機一定

要正確。為什麼需要時間管理？當你拿起這本書翻閱它之後，想把它帶到收銀檯結帳的動力是什麼？「想實踐某件事」「想得到某個成果」「不想一直被工作追著跑，希望悠哉幸福些」等等的想法，促使你有了這個舉動。

假如想要脫離形同心臟缺血狀態的一天，應該怎麼做？那就是馬上放棄管理「零碎」的時間。我對零碎時間管理沒什麼興趣，準確來說，我討厭用那種令人喘不過氣，每天努力生活的感覺來安撫自己。

光憑零碎時間，絕對無法實現真正想要的偉大成就。當你極度專注，以自己期望的水準完成工作後，應該是感受全身無力和指尖發麻。假如你已經完全投入一件事，那麼更應該在零碎空檔內稍作休息。

這不是在貶低零碎時間，畢竟有人認為，每天運動十分鐘好過完全不運動，持續三個月每天十分鐘重訓遠比一星期中只花一天重訓兩小時更好，而我強調的是，不要費心在管理零碎時間。

換句話說，該專注的唯有充足的塊狀時間，進一步思考，如何確保更多的塊狀時間，時段內該如何完全投入，以及自己究竟想透過這個過程得到何種成果。如果我們擁有充足的塊狀時間，就會產生洞察力，意即**耗費大量心力管理難以投入的零碎時間，只會累積身心的疲憊感，奪走專注在重要工作上所需的精力，也就是彷若讓心臟在缺血狀態**。

所以有必要衡量適合自己的心肺復甦術速度有多快，是否確實按壓，放鬆時有沒有足夠時間讓血液回流。要是你沉醉在管理零碎

時間、整日忙於生活，說不定你只是在折磨缺血的心臟，這種低劣的心肺復甦術無法換取所想要的事物。

彼得‧杜拉克是這麼說的：「**如果你將可用時間劃分為很小的單位，無論總量再多，都不足以達成預期目標。**」換言之，與其煩惱如何運用那些零碎短暫的時間做更多的事，倒不如想辦法安排完整的時段，致力完成該做的事；在完全按壓心臟以後，保留足夠時間讓其放鬆。

想一想，你的心臟為何跳動，又是如何跳動的呢？

策略三：
勇敢嘗試與堅持，最貼近完美

我不是完美主義者。坦白說，自己在部落格發表的文章幾乎都有錯字，除了幾個非常重要的發表以外，我不會付出太多的努力去追求完美。你問我是否會感到羞愧？縱然寫錯字不是件值得驕傲的事，但這並不讓人羞愧，因為驅使成長的原動力源自於我不是一個完美主義者。相較於完美，我的成長原動力應該是「企圖心和堅持」。

無論在公司或社會上，時常會聽到有人說：「因為我是一個完美主義者。」每當那個時候，我都想問：「什麼叫做完美？你認為要做到什麼程度才算完美？」大部分追求完美主義，以至於無法做到某些事的人們，都將時間用在爭論那些不會影響大局的枝微末節，而非追求本質上的完美。

有些時候當然必須做到完美，例如你要向世人公布至關重要的專案成果，這時微小的細節都要再三審視，確認是否準備周全。但如果你在絕大多數沒有必要做到這種地步的事情上，硬是追求自己想要的完美，將因此錯過許多事物。你是否曾經為了修改例行報告

中無關內容的字體和顏色，延長加班？是否因為這種小事讓自己或組員感到疲憊？或者想要每天在部落格發文，但一篇文章就耗費自己許多精力？是否因為無關緊要的雜事變得更忙，使原本想做的事情就此成了負擔？這麼做難道不會因此失去比完美更重要的企圖心和堅持嗎？

曾有一個時間區塊團隊成員找我諮詢煩惱，說自己正苦於無法實踐時間管理。我詢問他現在最重視、最想做的事情是什麼，他的回答是育兒和每天寫部落格，而讓他感到痛苦的正是因為育兒，致使他無法好好寫部落格。創作的時間取決於小孩的狀態，和小孩的相處時間逐漸變成負擔，這點讓他很內疚。在想要扮演好父母親的角色和想擁有個人時間的心情，兩者形成拉鋸，心裡很不舒服。

事實上，他這個月搬到濟州島，每天都能創造生動有趣的內容，也時常在聊天群組分享當地的天空、海景等美照，以及經歷的趣事，每次看見這些內容，群組裡的朋友都會獲得替代滿足，覺得幸福。這些其實就是創作，直接上傳到部落格就行了，遺憾的是他無法做到。我再細問無法寫部落格的原因，他提到沒有時間、無法專心等理由後，最終說了這句話：「我覺得自己好像太完美主義了。」

比完美更重要的企圖心和堅持

我想告訴所有自稱完美主義的人：「不要將自己侷限在『完美』的假想範圍裡。有誰決定了那條區別完美和不完美的界線？完美終究是你自己決定的，那不過是你當時的自我滿足程度而已。」

我們絕對無法變得完美。我理解想要做得更好的心情，但很多時候，企圖心和堅持比完美更重要，相較於追求完美導致做不到某件事，勇於嘗試更重要；就算偶爾做得很好，偶爾做得不是很好，能持之以恆也比完美重要。**嘗試和堅持反而能更接近於完美。**

　　他在使用 IG 時，在照片選擇的猶豫不決和寫個短文塗塗改改，來回花費太多時間，以至於無法堅持下去。因為育兒的緣故，想要寫篇文章已屬不易，在這種情況下還要求更精緻的文章，甚至在意點擊率是否提高，林林種種實在令人吃不消，然而對他而言，現在更重要的應該是能否持之以恆。

　　我針對這種無論什麼都追求完美，連一次嘗試都無法做到的人，提出的解決方案是設定「時間限制」。以部落格發文來舉個例子，就是訂出截止時間，不管是十分鐘或十五分鐘都無妨，然後在規定時間內創作，時間一到就發文。對於尚未熟練某一個領域的人來說，這是必經之路，提高完成度是之後再探究的事。

　　很多人即使忙得不可開交，還是經常透過 KakaoTalk 和朋友聊天。我的建議就是從這種輕鬆的內容著手，像聊天一樣簡單沒壓力，上傳張照片寫下每天發生的趣事和心情，就算想要表現得更傑出，我也建議在一開始的那個月，不要超額使用時間，先把目標放在每天的確實執行，這就是重新定義的「完美」。

　　他照這個方式重新定義完美，開始落實每天發文，總算找回心理上的安定。過了一個月，這件事對他來說不再陌生，如果遇到忙碌的日子，他也能滿足於僅用五分鐘發文；如果時間充裕，他則會把內容寫得更詳細，重點在於能夠持續去做這件事。憑藉這個堅持

的力量，他的內容創作也愈來愈有趣。

　　假如你覺得「完美」絆住腳步，就請先冷靜地詢問自己，是否想要做到十全十美，導致無法邁開腳步行動，徒然葬送時間？是否為求完美，把過多的時間花在效果不彰的事情？為了達到自己認定的完美境界，途中是否錯失了些事物？自認的完美是誰決定的？為什麼會覺得要當完美主義者？力求完美的內心，只是為了「自我滿足」嗎？難道不是因為內心深處擔心有人批評自己的成果，所以不想丟臉，拿自己和他人比較，並貪圖其他人的認同？

　　我能夠每天成長一點點、持續往前的原因正是因為接受自己的不完美。現在，沉澱心去思考，自己當下追求的完美是否有其價值，然後思索自己需要的究竟是企圖心和堅持，還是提高完成度。在思考結束後，重新定義你的「完美」。

策略四：
動力不停滯保持前進的 B 計畫

「我因為沒早起，一整天心情都不是很好。」這是團隊成員常見的煩惱之一。意指整天的心情，會隨著早上第一個計畫實現與否而改變，想要養成早起習慣的人尤其容易出現這種狀況。

喜歡在凌晨起床，想盡辦法奉行早起的人如果少了這段晨間時光，通常很難再有其他餘暇。所以我充分能理解，為什麼一天的心情變化，會取決於能否擁有自己的專屬時間。然而無論你是幾點起床，一天都彌足珍貴，假如凌晨五點起床，這天將很幸福；早上八點才起床，這天反倒就會很難過，這是什麼道理！**無論碰到什麼狀況，都應該要快樂地展開新的一天。**

這種模式不只發生在早起，在運動、學習英文這種和習慣相關的計畫也很常見。為什麼無法按照計畫養成習慣時，心情會變差？這是因為你認為養成習慣的「堅持」瓦解了。在很多關於「習慣」的書籍中都會強調，想要將一件事變成習慣，必須先把它縮減，以利持之以恆。內容所說的小習慣甚至會讓人覺得：「這麼容易應該沒問題吧？」我知道這種「小習慣法則」擁有的力量，因此部分

同意這件事。然而只有部分同意是因為我始終很難擺脫疑慮，總覺得：「只做這樣能夠達成我的目標嗎？感覺好像沒有全力以赴。」

舉例來說，假設你想要養成每天跑步的習慣，按照小習慣法則，跑一百公尺或是更少，像是在家跑三公尺，都能算是跑步。對於剛入門的跑者來說，實際建立的小目標會比遠大的抱負更有幫助，但隨著體能的進步，會逐漸想拉長距離，進而有所成長、做得更好，這是自然的趨勢。就像玩遊戲時，關卡的難易度會逐步提升，而你能從破關的過程中得到成就感，沒有人會想永遠停留在第一關。因此，我認為**如果想要成長，不妨慢慢提高習慣的難度**。

不過，問題出在「效能」消失的時候。你是否有過這樣的經驗，原本持續做著某件事，卻有一次突然忘了做，然後忘了第二次，再來是第三次，最後成了永恆！事實上，小習慣的法則相較於做得更好，「堅持」更為重要，視小習慣為目標後，可是當習慣的目標值降低，難免會讓人感到不滿足。逐漸提高自己的目標設定和透過小目標維持習慣，難道不能同時兼顧嗎？

讓動力不停歇的 B 計畫

我建議的策略是制訂 B 計畫，是當 A 計畫無法完成時，可以取而代之的其次選擇。藉由持續向上調整的 A 計畫，我得以感受到自己正在成長，而 B 計畫是在自己感到厭煩、生病或沒有多餘時間時，也能做到的小習慣。

例如，我的 A 計畫是看報紙，找一篇印象最深刻的報導寫出自

己的意見，B計畫則是只看新聞標題；或者早起的人，A計畫是凌晨五點起床，拉伸、冥想、閱讀，B計畫則是坐捷運上班途中，深呼吸冥想三分鐘。

挑出自己在A計畫中最喜歡、最接近本質的部分，然後將其縮減成為B計畫，它最大的優點在於能夠持之以恆。這概念和車輛的運行動力有相似之處。一開始，靜止的車輛需要耗費很大的力量才會被推行，但開始前進之後，將會省力許多。它的原理就是不讓習慣淪為靜止的車輛，就算只有一點點，也要保持動力，如此一來，重拾A計畫就會變得容易。

第二項優點是做為一個替代方案，應付難以實行A計畫的日子，間接帶給人心理安定感，將不會再發生前述所提過的狀況，因為無法早起的日子而陷入失望，讓整天心情不好，而是藉由備案來延續習慣，用平常心度過一天所剩下的時光。

請寫下讓你能感受到成就感的A計畫，然後請試著寫出保留A計畫中自己最喜歡或最關鍵部分的B計畫，並確認它是否夠簡單，能讓你在厭煩、生病、沒有時間也能做到。A計畫負責你的發展，B計畫協助你不會停下成長的腳步，但也要叮嚀一點，千萬不要有「啊……我今天只做了B計畫」的想法，因為它並非一種倒退，而是持續前進的明智策略。

策略五：
一天看三次計畫表，實踐力最高

「我現在該做什麼？」「只不過發了個呆，一天又過去了。」「啊⋯⋯今天本來想在部落格發篇文章，結果沒寫成。」老是在睡前出現這些念頭的人，說不定可以從這個章節獲得幫助。

你會利用早上的時間，寫下當天要做的事或待辦清單嗎？雖然寫下來的人實踐力遠大於不寫的人，但僅憑這點尚且不足，如果寫了就應該拿出來看，那麼我們該如何決定間隔時間？

經營時間管理社團時，我發現計畫執行力相對較高的成員具備了一項共同點，就是把計畫表放在顯而易見的地方，並且時常確認。當我問起：「你一天看計畫表幾次？」有些成員回答：「我隨時都看。」也有人會說：「我會在一個區塊結束後，再看一遍。」假如每個區塊之間都看，等同一天要確認計畫表七次。

對於總是忘東忘西，或者一天變更優先排序無數次，導致實踐力低落的人我提出了個解決方案，那就是一天就只看三次計畫表吧，分別為晨醒展開一天的時候、午餐過後、晚餐過後。

一天看三次計畫表可以獲得以下效果。

首先，享有重新開始的感覺。不管你之前如何度過，都會覺得當下是新的開始。請試著說出口，這是一個開始。你對「開始」有什麼感覺？不覺得有點讓人悸動、緊張嗎？這就是開始的力量。不會有人想在一開始便搞砸一切。午餐過後大概是一天的短暫休息點，晚餐過後則是一天即將結束的時候。在吃完晚餐後，打開計畫表，體會到重新「開始」的感覺，就不會有「又這樣過了一天」的想法，反而會想著「又到了開始晚上區塊的時候」，無論今天早上和下午過得愉快或辛苦，都會獲得再次重置的力量。

我過往在公司遇到挫折，或在非常疲憊的狀態下回到家時，通常都會帶著憂鬱的心情度過那個夜晚。不過現在一切都改變了，我設定晚上八點的鬧鐘，提醒自己翻閱計畫表，就算吃完晚餐、心情仍然鬱悶，但只要聽見鐘聲，就會看一下它，獲得重新振作的力量。

特別是晚上的區塊，當中的計畫全都是自己想做才填入的，而不是誰的命令，所以身體會跟著內心開始行動。透過看計畫表的小舉動，自然而然提升實踐力，不管先前發生過什麼事、心情如何，都能更新自己的狀態。

第二個效果是讓我意識到目前是什麼處境。我知道自己有多散漫，所以相較於僅憑印象提醒自己，如果是親眼看見早上寫的計畫，兩者產生的效果絕對不一樣。《6區塊黃金比例時間分配神奇實踐筆記》正放在我旁邊，現在時間是下午五點三十五分，確認計畫表後，可以得知第四區塊的詳細計畫是「寫作」。直到剛才，我仍飄忽不定想拿手機滑 IG，不過當我看到計畫表的瞬間，兩手便立刻

重新回到鍵盤上。這就是親眼確認要做的事和時間軸的威力，看見所寫的待辦事項，確認在時間內執行、耗時多久能完成，這樣的力量是如此強大。**一天只看三次計畫表吧！你的實踐力肯定會變得不一樣。**

第三個效果，得到中途修正的機會。姑且不論整體的人生，一天二十四小時內也很難完全按照自己的想法過活，因為我們必須和他人相處。如果是在職場上，往往會礙於同事間的分工、主管的指示、跨部門的合作，難以按照早上預訂的計畫進行工作，甚至可以說幾乎沒有一天能做到。假如是必須照顧小孩的父母更不用說，和孩子相處時，單憑一己之力實在很難控制優先排序。

無論是什麼原因，從現實面來說，想按照自己腦海中制訂的計畫度過一天並不簡單，說不定從一開始，這就是個無法實現的夢想。因此，擁有「修正的機會」很重要，你藉由時常確認計畫、加以修正，以便靈活應對各種突發狀況時，也能完成想要做的事。

正在讀這本書的你，現在處於一天當中的什麼時候？請立刻確認一下計畫表吧。假如沒有計畫表，也可以檢視待辦清單。不管現在是幾點，你將能感受到重新開始一天的神清氣爽，明確得知現在該做什麼，體認到更多的現實感，獲得修正計畫的機會。

一天看三次計畫表，這個簡單習慣將引導你度過理想的一天。

策略六：
學會拒絕，絕對要練習的一句話

「我覺得最寶貴的財富應該是時間，可是大人們只會在錢財被偷的時候感到憤怒，對於時間被偷這件事卻沒什麼反應，真的好奇怪。」這是一個我很喜歡的天才兒童畫家——全利洙在 IG 上的發文。

從小到大都被教育必須遵守時間約定，因為那代表禮貌，此外，許多自我開發類型的書籍也提及，在約定時間五分鐘前抵達約定場所，做好見面的心理準備，是成功法則之一。

你曾和習慣在約定當日取消約會的人來往過嗎？與這種不只一兩次並非迫於無奈，卻總在碰面當天、約定的前一小時取消約會的人相處總是令人不愉快，感覺他似乎不看重雙方之間的約定，只是先敷衍訂個時間，當出現認為更重要的事時，就會馬上將你推開，讓人覺得自己只是第二順位，或僅是個代打。經歷幾次同樣的感受後，自然不會想再和那種人聯絡，因為沒有人會想受到這種相處待遇。

然而，我們是怎麼對待自己的？本來想鍛鍊身體，但朋友一

通電話就出門；明明要念書，卻打開電視；說要自己一個人休息放鬆，聽到聚會就立即赴約……，我們是否太過輕易地違背和自己的約定，對其他的事讓步？

其實會這麼做，並非輕忽和自己的約定，而是有其他原因。首先是因為我們很難拒絕別人。為了自己下定決心要做的事，拒絕別人想要和自己一起做些什麼的心意，會令人感到內疚，甚至覺得是個自私的人，只好取消和自己的約定，避免內心的愧疚感。

再者，我們不認為自己下定決心做的事是和自己的約定，所謂的約定通常是與某個人的承諾。假如朋友找你出去玩，你雖然沒有想做的事，但已先和其他人有約的話，你會怎麼做？這種狀況下，你會取消和其他人的約定，跟朋友出去玩嗎？大部分的人應該不會這麼做。「抱歉，我已經有約了，下次再碰面吧！」當你說出這個理由，告訴對方不能成行時，會感到內疚嗎？會認為自己是自私的人嗎？絕對不會。由於已經有其他約定，自然無法答應朋友的邀約，這是無可避免、合情合理的事情。

現在，既然知道了原因，就來思考未來的解決之道吧。第一點，給予和自己的約定以及和別人的約定有同樣的份量，不要因為和自己的約定是獨處時間，就在日程表上留白，務必比照和其他人的約定，在日程表寫下「與自己的約定」。比方如同「7點，和秀言約好在光化門吃晚餐」那樣，寫下「7點，和智荷（自己的名字）約好要運動」，**一定要寫出自己的名字**。剛開始用第三人稱的方式寫自己的名字時，可能會覺得奇怪和彆扭，不過一定要寫出來，才會感受到和他人約會的份量感。

第二點，**說出「我已經有約」**。看到這裡，請你試著把這句話念三次：「我已經有約」「我已經有約」「我已經有約」藉由這樣的練習，實際遇到這種狀況時，你將更懂得如何應對，變得不會苦惱內疚。**勇於拒絕的關鍵，就在於如何降低情感上的折磨。**

別再把和自己的約定當做第二順位或代打，比起和別人的約定，和自己的約定更重要。假如輕易取消對自己的承諾，內心就會更加確信「我是一個不重要的人」「我的時間被奪走也無所謂」「這一切都是不得已的」，未來你就必須花上許多時間才能和自己和解，正如同我們需要時間，才有機會填補與老是取消約定的朋友之間的感情裂痕。

請你再試著說一次：「我已經有約。」希望你可以輕鬆地將這句話說出口，堅守和自己先做下的約定，因為那段時間，肯定會帶給你幸福和成長。

策略七：
找到影響因子，預先做好準備

「其他部門還沒給我資料，所以沒辦法做我該做的事，排程應該會延遲吧？」

「我老公突然加班，沒有人顧小孩，所以我今天沒去運動。」

在待辦事項當中，有很多無法獨力完成，必須憑藉別人的幫忙才能做到的事，特別是在職場，工作效率受到同事影響的情況比比皆是。除此之外，家庭生活中也時常出現上述範例的狀況，如果你想要運動，必須先完成一場育兒接力，要是配偶的日程生變，運動計畫就可能泡湯。因此，我們必須提前了解別人對於計畫實踐與否的影響程度，然後加以管理。

制訂完成後，請自問：「誰會對這件事產生影響？」在公司時，指定負責人和規範工作期限有同等的重要性，現在起別再只考慮「誰要做這件事」，也要思考「誰會影響這件事的結果和排程」。假如不養成習慣，很容易將這件事拋諸腦後，請試著把它加入現有的目標設定表格，或事先標示在桌邊、計畫表上吧，這將會有所助益。

來看關於職場的實例。目前A專案進行到調查資料的階段，調查結果相關報告必須在週五下班前向主管報告。例子當中的誰、做什麼、截止期限都已經有所設定。

誰：我

做什麼：提交A專案調查結果

截止期限：這個週五下班前

再問一件事。「誰會對這件事產生影響？」仔細想想，要完成這個工作，我必須從資料處理部門得到數據，他們提供數據的時間，將直接影響報告的產出時間。既然已經得知影響因素，就該減少這部分的危險性。我可以在預定收到資料的前一天，發郵件提醒資料處理部門負責人員務必在隔天提供數據，或者事先請主管要求該部門協助。先找出影響因素，便可以提前預防可能影響計畫的危險因子。

但有些時候，即使事先得知影響因素，也無法降低風險。這時可以提前放寬心，或告知主管事情有可能無法按照計畫進行，一同討論對策。儘管無法從現實面控管影響因素，事先知情和一無所知，兩者還是有很大的差距。

再來看看家庭的例子。有一個雙薪家庭，他們下班後必須到幼兒園接小孩，最近老婆覺得自己體力變差，想要去練瑜珈，但如果沒人幫忙帶小孩，她就無法成行，所以和老公協議週二和週四由他準時下班接小孩，這樣自己才能體能鍛鍊。這裡的影響因素是老公的下班時間，因此她為了週二和週四都能按時上瑜珈課，每到當天早上都會再提醒老公一次，降低危險因子。並且她也做好心理準

備，要是對方因為工作太忙或無法缺席的臨時聚餐，自己有可能無法如期練瑜珈。由此可知，我們必須事先得知影響因素，提前做好準備，真的受到影響時才會懂得如何應對。這麼做的話，就算實際參加瑜珈的次數少於不克參加的次數，或是無法按照計畫進行時，也都能欣然接受。

未來想制訂目標時，請記得下列四個項目：

做什麼：

截止期限：

誰：

影響因素：

思考影響因素能提高完成計畫的可能性，假如你能夠事先得知並且提前準備應變對策，就不擔心遇到突發狀況時，會無法處之泰然地應對。

策略八：
改變「線上居住地」帶來正能量

有句話說，想要改變人生的話，要先改變三件事。

居住地、來往的人、習慣。

事實上，我也因為改變了這三件事，走上人生改變之途，大大地轉彎。近來，定義居住地和來往的人時，不光是實體，更要涵蓋網際網路，**人們相較於實體，受到網路的影響更大**。即使沒有變更實際居住的社區，只是變更「線上」常去的地方，來往的人和接受到的資訊都會變得不一樣。

二〇一七年時，我的線上居住地是入口網站，主要活動舞台多半是入口網站應用程式自動跳出的新聞，後來我接觸了 YouTube，不知不覺間停留在 YouTube 的時間變得比停留在入口網站更長。我時常在 YouTube 觀看訪問影片，自然地認識了各式各樣的上班族、退休人員、自由工作者，儘管只是透過影片單方面且間接地認識他們，但我仍然受到相當多的影響。我不過是改變了網路世界中主要拜訪的社群，來往的人好像也變得不同。

經由在平台上認識的人進行直接或間接交流，我發現別人不

同的生活方式，而且隨著改變社群以及線上來往的人，我的想法也有所轉變，最終更因此改變習慣，以致於習於下班後，一邊看電視一邊享受休息時光，進行內容和物品消費的我，產生了「我也想當生產者」的念頭。從那之後，我看待生活和消磨時間的方式有了轉變，這非關對錯，而是看待生活的觀點變得不一樣了。

大部分的人比想像中更容易受到環境的影響，社區氛圍、每天經過的巷弄、每天去的咖啡廳、路過的人，總是在不知不覺間帶來一定的影響，漸漸渲染自己的舉止、口氣、衣著、思考模式。「孟母三遷」便是因為她知道改變實際居住地，來往的人和子女的讀書習慣也會跟著改變。

現在如果說到周遭環境，不光是實體也要拓展到網路活動領域。請試著回想你在線上主要停留的環境，假如是網路新聞，通常是哪種領域的新聞；假如是 YouTube，觀看的頻道以哪些主題為主；假如常用 IG，主要追蹤和關注的動態是哪種類型的人，自己常看的照片帶有怎樣的感覺和情感，那正是你現在的居所。

隨著居住地不同，來往的人自然也會有差異。請思考自己現在常處的網路平台中認識的人都是怎樣的人，充滿怒氣的惡意評論者？無法區分事實和謊言，以毫無根據的主張留言的人？就算沒有直接交流，單純是擦身而過的人，也會對自身產生影響。要是你認為網路上碰到的人對自己有不好的影響，那麼最好果斷地遷移線上居住地。

我們無法隨心所欲改變實體居住地，因為牽涉範圍包含經濟、職場、學校等層面，問題太過複雜，但網路環境只要下定決心，隨

時都能變更，甚至不用花錢。過去你應該未有如此輕易改變周遭環境的時候吧！現在就享受這份祝福，送給自己一個好的環境，將自己的線上居住地移轉到認同你期望的人生方向，並且已經付諸行動的人所聚集之處。

好的網路環境，帶來正向改變

假如你最近三年的生活沒有太大變化，來往的人也差異不大，而你想改變生活，首先該做的就是變更線上居住地，把能夠接觸到優質內容、聚集優秀人才的環境，當做禮物送給自己。

最近有許多以興趣為基礎的網路社團，我在自己偏好的YouTube留言視窗中遇見的人，都和我有類似的興趣，無論是這類僅有鬆散連結的社群，或是有著緊密關聯的線上社群，這些因為興趣聚集的人時常有我們值得學習的地方，相處的時候也比在現實中碰面的人更輕鬆。有時候，自己追求的人生價值無法在實體世界中找到共鳴，像是習慣早起的人常會聽到：「你為什麼要活得這麼認真？」這種不完全是指責的質問，如果吃完午餐有點睏意，還會被說：「這都是因為你太早起。」

但在網路世界，與你志同道合的人不會對你說這種話，反而會分享把事情做得更好的秘訣，不厭其煩地互相引導。基於追求的生活相似，彼此都清楚選擇這種生活方式的原因，不會曲解原意，自然不用太多無謂的說明，也不會聽到不必要的話語，這樣的氛圍會讓自己對興趣更加投入。

進入過著你所嚮往生活的人們群集的環境吧。沒有人會想走過髒兮兮的陋巷，你也不會想路過骯髒滿有臭味的網路暗巷，漂亮、高級、優雅可以帶來靈感的巷弄和店鋪比比皆是。

我經營線上社團「時間區塊團隊」的時候，每天都有這種感覺，相似的人聚在一起時，互相往來的偕同效應如此之大，接觸對的環境和優秀的人以及有益的資訊，竟讓我有這麼大的轉變！

如果你認為光憑自己的意志難以實踐，請看看四周吧。在你身邊的實體和網路環境，是否能帶給你正向的變化，如果不是，請先改變網路環境，搬到那些過著你嚮往生活的人身邊，盡情學習、分享、消化一切，自然而然地你就會有所變化和成長。

策略九：
控管「時間和金錢」，不怕興趣多

　　追不同的連續劇，喜歡上不同的藝人時，我都會改變自己的興趣偏好。假如連續劇出現騎馬的片段，我就會想學馬術；假如劇中有個帥氣的程式開發工程師角色，我就會想學編碼。近期二〇二一東京奧運結束後，女子排球成了熱門的關鍵字，我因為迷上女子排球隊的團隊魅力，開始想學排球，進而尋遍社區同好會，可惜的是，因為新冠疫情的關係，目前大部分都中止活動，無法實踐這件事。假如沒有疫情，我勢必會因為週末整天打排球，不得不用滿是瘀青的雙手寫作。

　　雖然我迷上一件事時總是深陷其中，卻也很容易對它失去興趣，正如同小時候會在一天之內改變志向那樣，我現在仍舊容易在一天之內轉換了興趣。

　　我知道世界上有很多和自己一樣有如此個性的人，其中大部分人都會帶著一點愧疚感，認為熱得快、冷得也快形同是一種有始無終，不禁看不起自己，況且就算試圖改變的這件事，也不應該這麼地輕易。

現在，我已經對這件事完全改觀。「有必要改變自己的取向嗎？」「這有問題嗎？」「這是需要改變的事嗎？」這又不是在一天之內改變我的工作，而是改變我的興趣嗜好，這麼一想，這件事好像不再是個問題。有必要連興趣都講究「堅持」嗎？對於興趣，我選擇在適當的程度上享受各種不同的事物，而不是深陷在同一件事。如此說來，當發現感興趣的好像不是騎馬、排球、編碼、插花、吉他、法式刺繡……這些一時興起的活動，而迷上新事物並享受其中，才是我真正感興趣的事，我就決定不再把這種偏好視為問題了。

然而，像我們這樣的人必須留意，因為往往會在短期內過度投入一件事，甚至短暫的沉迷，影響日常該做的事情。再者，所有的興趣嗜好都需要花錢，假如深陷其中，大腦會比起身體更快有反應，從一開始就想擁有上好的配備。

所以務必明智地管控這點。該做的管控不是把關注時間從短期轉為長期堅持，而是必須想辦法在自己陷入新興趣時，不讓它妨礙日常生活，以及避免相關花費超過一定的金額。

提前預留一星期或一個月內要用在興趣上的時間區塊，舉例來說，一個月兩次，分別是第二週和第四週週末；另外也事前規定興趣的相關花費「一個月不超過二十萬韓元」。如此一來，即使這段期間內的興趣不斷更替，從爵士鼓、騎馬、衝浪、編碼、插花到排球，你也絲毫不用感到愧疚。只要接受自己是一個經常改變興趣的人，對每種興趣的喜好程度不太一樣，便能更加愉快地享受興趣，再加上限制時間和金錢，日常生活便能繼續維持平衡了。

策略十：
不用再多想，做就對了！

迄今為止，介紹了許多提高實踐力的方法。我是一個非常重視系統的人，**以重要性來說，系統和意志的占比是八十比二十**。假如具備良好的系統，實踐機率和成功率相對較高。由於意志難以信任，也無法維持太久，因此建構好的系統，遠比依靠意志行動更輕鬆，並且能用更少的力量取得更高的績效。

不過，千萬不要誤會。儘管我說系統和意志的占比是八十比二十，但只要意志變成零的瞬間，不管系統多穩定，八十加零也會變成零，而非八十。「必須先有意志，系統才能作用」，沒有意志時，系統絕對無法做到百分之百，但沒有系統時，僅憑意志也可以做到百分之百。

事在人為，該做的事情不會站上自動運行的輸送帶，最終還是要靠自己缺乏意志，即便有再好的系統，結果仍舊是零。據此，獲悉提高實踐力的各種方法雖然能夠帶來幫助，但如果不親身嘗試，只會徒勞無功。

「我昨天太晚睡，只睡了五小時耶？明天應該很難早起。」

如果你在睡前嘟嚷這句話，代表已經為自己無法早起這件事想好藉口。假如不是要早起而是上班會遲到，想必不管發生什麼事，你都會起床，所以請抱持那個時間點一定要起床的心態，而不要去想自己只睡了幾小時，或是沒睡好。

我們應該都曾在截止時間剩下一小時的時候，發揮過超乎常人的專注力的經驗吧，成果也和高專注力都有同樣的好表現。

還在公司任職時，我每個月都要準備管理報表，這通常需要一整天，後續的修正也很耗時。但有一天，提交時間突然變更，必須在接下來的一小時後立刻匯報，當時組員們全都發揮超人般的專注力，迅速分配工作，在短短的一小時內完成撰寫、匯報、修正、列印，順利完成任務。在過去，組員至少要花兩天以上才能做到的事，這次僅在一小時內就完成了。假如一名組員需耗時兩天，整個部門換算下來就要六十小時以上，而這次卻只花了六小時，也就是十分之一便完成。工作品質有因此變差嗎？不！完全沒有。

這是為什麼？不得不做的不安感以及再也沒有退路的迫切感，造就超乎常人的專注力。這種時候做就對了，只有這件事才是第一順位。不用在乎原本的優先排序，也沒有多餘的時間猶豫，最要緊的事就是完成它，這樣一來便能發揮極致的專注力。如果迫在眉梢，沒有其他的藉口或方法，只要做就對了。

別再繼續哄騙自己，過多的寬容不是一件好事。你說你很愛自己？放手去做或許是更愛自己的方法；你現在是否用讀這本書當藉口，拖延著應該做的事？立刻闔上書去做那件事吧。

做，就對了！

Chapter

6

CHECK：
幫助你持續進步的力量

徹底查核，
值得你投入的時間

「曾有人說，忘記歷史的民族沒有未來，這句話好像是對的。」

這話出自於對查核時間已經非常熟練的一位時間區塊團隊成員。假使你目前只會在寫下日程表後，檢查自己的計畫有做或沒做的話，希望你可以仔細閱讀這個章節；又或者你正反覆著每天大喊：「明天再努力吧！加油！」卻在隔天再度陷入情緒低落的漩渦，這個章節將會對你有所幫助。

假如你到現在仍然只會查核計畫是否實踐，無法擺脫因此感到開心或自責的循環，那麼代表你需要增加一個徹底的「查核階段」。

何謂徹底的查核？除了檢查自己是否按照計畫行動之外，還有其他的事務需要檢視嗎？你應該做的正是思考「為什麼（Why）」。計畫相較於平時順利時，自然有其原因；無法順利執行時，一定也有它的理由。

「啊……今天沒運動！明天起再好好努力吧！」這樣的決心，為什麼到了隔天剩下一場空？無法遵守計畫其實有很多緣由，而且

每個都相互關聯，如果只是在不明就裡的情況下高喊「加油」，根本是竹籃打水。因此，有必要多加了解「為什麼自己無法實踐計畫」，假如能夠**得知順利執行的原因和無法順利執行的理由，便能制訂更合適的計畫**，這點值得好好深究。

我在建構醫院系統時學到一個至關重要的概念，便是「透過五問法（5-Why）」分析根因。想要解決某個問題，至少必須問五次以上的「為什麼」，以利找出問題的根因，為了貼近醫院中各種問題的根源，持續練習詢問「為什麼」。我認為透過五問法是找出問題根源的訓練，也是在職場生涯中得到的最大收穫。

我把這件事套用在回顧自己的一天和一星期，也幸虧如此我得以看見自己那樣做的各種理由，以及這些理由的關係鏈。明白箇中原由後，自然能夠制訂更合理且更適合自己的未來計畫。我不再盲目高喊「加油」，和我一起進行時間管理的團隊成員也一樣，如今他們和我都很重視徹底的查核，因為我們很清楚這段時間是自我成長的重要階段。

你是否從未嘗試過的徹底查核？這將能使你看清自己，並帶來成長的力量，而我是這樣走過來的。

找出計畫敗因與解方的
自問自答

「為什麼要和我分手？」

「我做錯什麼了嗎？」

「他是因為我的哪一句話受傷了？」

「我當時為什麼要說那種話？」

「我們為什麼不能重新開始？」

你可曾不斷對自己拋出問題？事實上，如果沒有受到像失戀這樣強烈的衝擊，平時幾乎不會對自己提出太過艱困的質疑。假如能經常自我檢討，努力了解戀愛關係中的小關卡，是否就不會再莫名其妙被甩？

同樣的，必須定期審視自己的人生、對自己提問，才能活出想要的人生，不愁被世界在背後捅刀。我每天都會簡單地查核當天發生的事，並以一週為區間再次徹底審視這星期發生的事。不過，再徹底也不超過十五分鐘，但我憑藉這些點滴累積的瑣碎時間，得以按照自己想要的方式過活。這並不是要炫耀我透過查核獲得每日的成功，而是想表達藉由了查核，不讓自己原地踏步，且及早阻止走

向錯誤的道路。

四個面向思考，找出答案

查核過程中必須銘記的不斷思考「為什麼（Why）」，但硬是要求思考緣由的話，多少會有點難度，所以希望你能從四個面向去思考。如果**分別從外在因素、生理因素、心理因素、其他因素著手，將能找到更多答案。**

舉個職場的例子。假設這星期的工作目標是「完成並提交兩件專案宣傳草案」，你卻無法按照規定時間完成工作，這時需要問自己哪些問題，好讓下星期方能如期完成工作。僅僅下定決心：「這週實在太忙了，下週一定要完成！」但到了下星期，就能夠完成這項工作嗎？難道那時不忙碌嗎？之所以一定要找出正確的問題根因，是因為可以在問題背後發現有效的解決方案。

外在因素

例如，你可以先問自己：「我明明要完成兩件專案宣傳草案，為什麼只完成一件？」然後，你會想起組長突然分派了其他工作，導致這件事無法如期完成。但提問不可就此結束，請再詢問自己：「為什麼我會先做組長交代的工作？」因為是組長的要求，所以不得不照辦嗎？請試著想想看，是不是因為組長的要求更急迫？思考過後，你將會得出解決之道，明白「未來該怎麼做」。

假如你也認為組長的要求更緊急，應該先和相關人員商議，修

改原定的宣傳草案截止時限。這樣一來，別人就不會覺得你缺乏責任感、容易拖延工作，反而會讚許你是一個善於溝通、工作能力不錯的人。我們不需要抱持著別人總是在催促自己的心態。

反之，假如你的結論是自己沒有事先考慮輕重緩急，單純因為組長的臨時交辦，輕易推遲原本的計畫，就該思考當再度遇到同樣的情況時，該如何應對。你或許可以試著向組長說明自己當下的工作計畫，請他調整工作的截止期限。藉此主管將能確認你的工作現況，就算他無法立刻獲得自己要求的成果，至少會認定你是一個能夠快速掌握狀況的員工。另外，當你認為自己擁有一定的能力掌控現行職務後，自然會提高對工作的滿意度。

生理因素、心理因素、其他因素

有時候，我們會因為身體不適，導致效率變差，與此同時，身體不適也會對心理層面造成很大的影響。所以你有必要問問自己，是不是因為身體和心理因素，才無法在這週完成兩件專案宣傳草案。特別是如果有心理因素，反覆詢問Why和How，必定會對你有所助益。下述流程將可以提供你一些幫助。

〔Why〕為什麼我沒有做完這星期該完成的宣傳草案？

〔Answer〕我心裡好像有負擔。

〔Why〕為什麼心裡有負擔？

〔Answer〕因為我第一次做宣傳草案，不確定該從何做起。

〔How〕不然，要不要問一下有經驗的B前輩？

→啊！那我今天先告訴B前輩自己的難處，學完工作執行流程

後，再重新調整工作日程好了。

在職場往往會因為缺乏恰當的工作策略，致使待辦事項總是堆積如山，無法順利進行。此時，你如果花個五分鐘從心理層面思考，為什麼自己做不到這件事，將會吃驚地發現找到了解決辦法。

追根究柢，解決方案就在其中

我舉一個日常的例子，也就是我們老是會下定決心，「明天起要做運動！」結果沒有按照計畫去運動時，該怎麼向自己提問？從外在因素來看時，可以問自己這一類的問題。

〔Why〕為什麼這星期原本打算運動三次，卻只做了一次？

〔Answer〕這星期的約會太多了。

〔Why〕沒辦法調整約會的時間或次數嗎？

〔Answer〕我根本沒想到要調整約會的時間或次數。

〔Why〕約會有重要到必須推遲運動嗎？

〔Answer〕有一個是重要約會，但另一個好像可以改期。

〔Why〕「運動三次」這個計畫本身，對我來說很難實踐嗎？

〔Answer〕沒錯。雖然平日一次、週末一次，不會有太大的問題，但剩下的一次有點困難。

〔Why〕除了需要塊狀時間的運動以外，是否有其他日常零碎時間能做的運動？

〔Answer〕那回家的時候，不要搭電梯，改走樓梯吧！

以自問自答的方式進行查核之後，將能終止自己制訂出籠統又

野心太大的運動計畫，最終不了了之。經由查核，能找到實際可行的方案來達到所訂目標。

從這些例子可以看到，用「Why」追根究柢之所以很重要，是因為發現確實的原因之後，可以找到有效的解決之道。

時常有人問我：「你怎麼會想到那樣的解決方法？這麼有創意的想法是從何而來？」祕訣只有一個，便是反覆提出接近根因的問題！持續追根究柢，終究會發現結論。不要再被「計畫成功／失敗」左右你的心情，**我們需要的是今天成功的話，明天也會成功的能力，還有即使今天失敗，但明天會成功的實力。**想要達成條件，就必須明白自己今天為什麼成功，或是為什麼失敗。

我每天睡前都會查核自己的一天，然後在週末重新審視自己的一週，這應該算是頻繁的週期了。BLOCK6系統是一種「循環」，經由反覆實行的過程使效果最大化，儘管一開始只是小雪花，但如果每天、每週、每月、每季、每年持續滾動它，這個雪花就會變成具有強大力量的雪球。

你這星期想做的事是什麼？是否按照計畫順利執行？抑或未能實踐？看完這個章節後，請闔上書本，試著花五分鐘追根究柢。

三大「正向變化」是
定期查核的獎勵

對於每天和每週定期查核時間的人來說，這些付出的精力會帶來怎樣的獎勵？

迷上木工，進而創立韓國寵物犬餐桌椅品牌「Contigo」的企業家光娜小姐說道：「多虧正確查核的時間，帶來正向變化，我才能發現自己喜歡的事情，擁有創業的力量。」**而第一個正向改變是「不管怎樣，都會完成要做的事」**。

光娜說：「回顧一天帶給自己很大的力量，完成想做的事情。在此之前，我因為想做的事情太多，什麼都要嘗試，不知不覺開始遺忘自己為什麼要做這些事，當然也就沒有成效。不過現在，我的改變大到連自己都覺得訝異。每當睡前，我都會回顧如何度過這一天，自然也會想到今天做這些事的原因。如果把所做的事項一一畫上圓圈標記，那份滿足感真的難以形容。要是有些事情今天沒有完成，也會安慰自己可以明天再做，並且仔細思考明天能做到的方法。」

接下來的第二個正向變化是「自我肯定的力量」。光娜說：

「真的很神奇，自從我開始查核時間後，漸漸產生自信。『啊！這樣做就行了！』在職場打滾近十年的我，從沒想像過沒有薪水的日子。即便如此，我心中一直想要做『能和小狗相處的工作』，但我缺乏明確的目標，也沒有勇氣離職。然而，透過每天的查核，我發現自己渴望將為小狗打造的寵物餐桌椅推廣給更多的人。我對自己充滿自信，主動向公司提出轉為自由工作者的要求，就算會因此減薪也無妨。當時公司正受到新冠肺炎影響，經營出現困境，所以我得以在維持基本所得的同時，有了時間挑戰想做的事。我很驚訝自己居然有如此自信，在三十歲過了一半之際，開始挑戰新事物，即使尚未得到有意義的收穫，也毫不懼怕。回顧一天的短暫時光，雖然看起來沒什麼，其實一點都不簡單。」

　　第三個正向變化是「發掘自我認同感和夢想」。光娜說：「當每天寫計畫表的時候，我發現上面的 X 標記愈來愈多，思考無法完成它們的原因可以幫助我了解自己，所以這段時間有其必要性。它能使自己更清楚在做什麼，又是為了什麼，並且帶來自信。每天寫計畫表讓人明確得知自己的夢想，我希望能夠跳脫家具的框架，多角經營寵物犬用品工作室，創造人們和寵物犬一同生活的空間。」

　　光娜小姐的眼神充滿自信，她每天用五分鐘的時間，得到了有錢也買不到的「自我肯定」，一年下來不斷累積的時間，賦予她自我認同，還帶來推動夢想的力量。

三行「情緒日記」，
內心自在不糾結

在一天的尾聲，我不僅會檢視當天六區塊的達成度，還會寫下「三行日記」。三年前在看了一本探討三行日記的書籍後，隨即展開持續一百天的挑戰，最後我發現這件事最大的好處在於，它讓我感受到每一天都是對等的，並且各自擁有略微不同的活力。

感受到了其中差異，我更加感謝每一天。此外，在睡前寫下三行當天的心得，便足以讓開心、值得感謝的事更加倍有感，得以拋下悲傷、難受的事進入夢鄉；再者如果寫下明天最關鍵的事、期待明天的心情，隔天早上將會更有意識地展開新的一天。自從體悟到這些優點之後，我開始維持寫三行日記的習慣，也在《6區塊黃金比例時間分配神奇實踐筆記》中加進了三行日記的欄位。

第一至第六區塊欄位寫的是計畫內容和相關日程，並記下是否實行，哪些部分做得好、哪些部分做不好，但三行日記欄位主要寫情感層面。

雖然時間管理看起來屬於理性的範疇，卻其實很容易受到情緒的影響。很多時候，是否能順利執行計畫，取決於自身情緒的變

化，因此**細心觀察隱藏的情緒，對時間管理有很大的幫助。**

每天寫下自己的情緒固然有意義，但想從零散的情感記錄當中，找出能夠使生活更美好的教訓並不容易。這些內容必須彙整，才能將數據轉化成資訊，所以我開始試著把一週的情感紀錄簡短地記在同一個地方。

星期一：午餐吃了辣炒年糕，結果消化不良，心情很不好。

星期二：太晚吃午餐，所以吃了很多變得很睏，導致下午工作多半沒有完成。

星期三：沒有不好的地方！^^

星期四：昨天晚上吃了太多肉，今天一整天都無法消化。

星期五：喝太多酒了，很後悔。

星期六：爬山前吃了水芹煎餅，結果消化不良。

星期日：沒有不好的地方！^^

這結果讓我相當吃驚。即便知道必須改變飲食習慣，但沒想過自己的問題如此嚴重，之前曾擔心不良的飲食習慣可能導致體重、身材、健康等問題，卻沒想到它對情緒也造成負面影響。

更嚴重的是，它不但影響我的身心狀況，還影響到「時間」。不管是辛辣飲食，或是吃太快、飲食過量，都會影響身體狀態，也會降低後續的工作效率，因此在我需要專注工作的下午一點到三點之間總感到睏意或消化不良，成了妨礙自己順利完成原訂計畫的主因。

時間管理有幾個眾所皆知的良好原則，像是細分目標、確立時限、專注小習慣、建立系統而不只是靠意志力等等，然而**當你嘗試**

了這一切，卻依然感到有所不足時，**請觀察自己的情緒吧**。說不定就是你意想不到的反覆性情緒，帶來了無助和厭煩感，當有所意識後，便能找出是哪一個反應行動或狀況造成這個結果。

自從每天寫三行日記、定期彙總內容的習慣，我才摸清自己是因為情緒因素搞砸時間管理，也因此盡可能的避免會帶來情緒的行動或狀況。

情緒比你想像的影響更大，我們不是 AI 機器人，而是容易受到內、外部刺激的生物。請試著定期寫下情緒並將其匯整，在那其中隱藏著我們一直以來無法做到時間管理的關鍵。

四種解決方案，
助你完成更好的計畫

解決方案一：改變區塊順序

煮泡麵的時候，應該在水煮開之前放調味粉，還是煮開後再放？大眾普遍認為，料理的順序是決定食物味道的重要因素。我認為時間也是如此，就算是同一件事情，進行的時間點不同，就會對工作效率產生不同的影響。

來談談一位時間區塊團隊成員的故事。這位上班族爸爸有兩個小孩，任職部門時常加班和應酬，從一週四十二區塊可以看到他的「熱情」，甚至可說是精力充沛。平日的第一區塊是運動和學習英文，第二至第四區塊是上班，第五區塊是加班或帶小孩，第六區塊則是讀書。

我曾囑咐他，第一個月不用太在意計畫是否實行，而是專注於觀察一天六區塊的運作模式，以及發生在各區塊的突發事件、心情、體力等整體情況。

因為他不太會賴床，即便前一天很晚下班，隔天還是能完成第

一區塊計畫的運動和學習英文，而問題出在第五和第六區塊，如果當天加班或應酬，他就無法在原定時間返家，進行第六區塊。而準時下班時，雖然能依照原定計畫，在第五區塊陪小孩玩耍、幫他們洗澡、哄他們入睡，但到了專屬個人時間的第六區塊時，總會一邊看書一邊打盹。

過兩星期後，他終於認清自己一天的運作模式，明白光憑意志力無法做到晚上的排程，也無法解決目前的問題。從現實角度來看，他很難獨自先行離開應酬場所，而戰勝睡魔也和逃離應酬一樣困難。

我建議他根據自己想要的優先順位更改區塊順序。他的目標是提高平時的閱讀量，但讀書被分配在第六區塊，於是他決定試著交換第一和第六區塊，把清晨的運動和學習英文，改成學習英文和讀書，然後將運動挪到第六區塊。因為生理時鐘使然，他已習慣早起，第一區塊的讀書能毫無阻礙地進行，進而閱讀量比起從前將讀書放在第六區塊時，大幅增加許多。此外，自從育兒後的第六區塊不再是讀書，而是改成活動身體的運動之後，可以在晚上實踐計畫的日子變多，並且因加班或應酬未達成的運動量，也能在週末補齊。不過是改變順序的微小變化，他便獲得更多的時間，接近增加閱讀量的目標。

分配工作順序比想像中重要，請仔細觀察自己一天的運作模式，思考不同區塊之間的相互關係，以及一天中各個時段的狀態差異。如果你已事先計畫，卻依然無法順利完成工作，或許就是因為順序分配不當，那麼請試著調整它，你一定也會因為簡單變更區塊

順序，就找到了解方，如同這位成功增加閱讀量的團隊成員一樣，發現更容易達成目標的道路。

解決方案二：掌握區塊的適當工作量

當計畫無法在單一區塊內完成，總是一再延遲時，你必須確認自己是不是在這個區塊裡分配了「你想達成的最大極限」。假如試圖在一個區塊中做完你想達成的最大極限，計畫便很容易出現延遲，因此制訂時要考量的是「實際可行的工作量」，而不是以「你想達成的最大極限」為主。

在單一區塊內計畫大量的工作通常有幾個原因，其中一項就是你不清楚工作的「實際需求工時」。

假如你陷入無法按照原訂時程完成工作的迴圈，就應該測量一下該工作的平均耗時。以我的例子來說，我必須定期發布授課公告，起初認為自己只要花一小時，大約半個區塊便能完成這件事，所以在同一個區塊中安排與授課公告無關的其他工作，但實行之後，發現無法在預想時間內完成工作，甚至會拖延到後續排程。

因此，我稍加計算自己發布授課公告的時間，有時候一小時就能結束；有時候必須耗費兩小時或兩小時半才能完成，也就是說，原本以為一小時就能完成的授課公告，其實需要兩小時左右的時間。從此之後，當要做這件事時，我會保留充足的兩小時半，完整的一個區塊來進行，這樣就不會因為不合理的排程影響到其他工作，也不需要擔心時間不夠，得以專注於要做的事。

確實掌握在一個區塊內就完成的適當工作量吧，尤其做的事情經常不斷延遲時，務必要確認特定工作所耗費的時間，假如能做到這點，就能減少無法在單一區塊完成工作，甚至影響後續排程的日子。另外，當明白一個區塊能做多少事時，更可以定出符合現實的截止期限，未來再也不會因為期限到來苦苦掙扎，或在截止日期前，難為情的和別人道歉，要求更多的時間。

解決方案三：找出自己最專注的區塊

　　你屬於晨型人和夜型人當中的哪一種類型？我認為不需要比較兩者誰好誰壞，畢竟這兩種類型都擁有適合自己的生活節奏，每個人都有一個自己比較容易專注的時段。晨型人效率最好的時候是其他人尚未清醒，連太陽都還沒升起的寂靜清晨；夜型人則是會在本該進入夢鄉的夜晚中，湧現靈感。

　　如同我們在《快打旋風》這類的遊戲中可以看到，每個角色的能量值都會被標示成條狀，請把自己當作是其中一個角色，畫出你在每個區塊中的能量值，這個訓練能**讓你練習將肉眼看不見、難以分辨的自體能量等級視覺化**。

　　實際上，透過這種訓練，把不可見的自體能量視覺化，將會更有效地利用時間。我通常在早上的兩個區塊最有活力，奇妙的是，如果我在晚上的第五區塊好好休息，第六區塊也會充滿活力，得以繼續進行需要創意的事。相反的，每當我吃完午餐，第三區塊就會產生睏意，無法集中精神。仔細想想，我以前在公司上班的時候也

是如此。當時不知道自己的能量模式，經常在那個時間點安排工作和會議，縱使有些是我無法任意調整的排程，但其中還是有一些是可以自行調整卻保留在計畫中，明顯與我的節奏不合拍的排程。

除此之外，令人啼笑皆非的是，我明明是個不折不扣的夜貓族，卻嚮往晨型生活。所以我找到了對策，接受無法在早上五點半以前起床的事實，並且不在早上的第一個區塊，要求一定得做些什麼，而是容許自己度過寧靜的時光。我會做些簡單的事情打發時間，把注意力放在喚醒身體，像是躺在床上緩慢地拉伸、閱讀不太艱深的書籍，不想看書的時候就動手抄寫一些文章。

將身體慢慢喚醒後，我便能在早上的第二區塊，發揮一天當中最高的工作效率，做些需要主動思考的事情，以及企劃、決策類的工作，我通常都會把每天最重要的工作安排在這個時段。身為自營工作者，必須一個人完成所有工作，平日的交際應酬也比較多。但自從發現自己最專心的是第二區塊後，就不怎麼安排午餐約會，這是為了避免午餐約會帶來時間的壓迫感，影響我充分運用第二區塊。就如同飯店和飛機、租車價格會在旺季漲到最高價，如果用金錢衡量我的時間，最貴的就是這個時段，其他時段需要三小時以上才能完成的事，在這段時間內只需要一兩個小時便能完成，工作品質也很不錯。**懂得把最珍貴的時間用在最重要的事情上，是一項很重要的能力。**

吃完午餐後的第三區塊，我很容易出現飯後嗜睡，再加上早上已經消耗太多體力，難以在這個時程專心工作，這時我會進行一些比較瑣碎的工作，例如閱讀郵件、回信、支付帳單、回覆簡訊等

等，以不需要太多精力去思考，能輕鬆完成的事情度過這個時段，
這就是我的節奏。

找到自己的節奏，像遊戲中的能量值那樣，把自己在各個區塊
中的專注力和體力用視覺化的方式呈現。在專屬的節奏中安排合適
自己的工作，就不會傻傻地在有睡意的時候安排重要的事，間接拖
延了待辦事項。請立刻掌握最珍貴的時段吧！然後把那段時間用在
提高身價，以及可以讓自己感到最幸福的事情上。

解決方案四：了解自己身體的活力模式

很多團隊成員在執行時間管理時，發覺到一件事：週一到週
三期間，計畫通常都能順利執行，不過會從週四開始，逐漸走向潰
堤；如果觀察整個月的話，這種情況會於第三週後愈發嚴重。由於
疲勞會累積，這說不定是很正常的事。

我想，「週一症候群」這個詞彙與活力模式有關，多數的上班
族和學生會在週末結束、重回崗位時，感到身心俱疲，難以集中注
意力。

人類不是機器而是生物，儘管社會規範我們週一至週五工作、
週末休息，但**每個人的身心其實都有不同的節奏，且一直在變化，
所以有必要觀察一週的生活模式。**當發現自己是在週一到週三充滿
活力，然後從週四開始感到吃力，無法落實計畫的類型，難道就該
束手就擒？不對。萬一你發現出現這種傾向，必須考量自己每一天
的差異，制訂不同的計畫。

團隊成員之一的秀賢小姐，非常重視早上第一個區塊的晨間例行公事，但她發現疲勞不斷累積之下，過了週四如果繼續早起，反而會影響一整天的排程，所以她把週四早上的第一區塊訂為「好眠區塊」。她說：「在週四早上充分休息再出門上班的話，週四和週五會變得更有活力。」這是一個很好的例子，說明了週末和平日只是社會規範，觀察自己的身體是否存在不同的節奏，進而加以應用，才是正確的作法。

學會如何掌握一週的活力趨勢後，接著要試著掌握一個月的節奏，特別是很多女性的體力和心情，會在生理週期受到影響。以我為例，我的經前症候群非常明顯，經痛也很嚴重，儘管如此我之前從來沒想過針對生理週期帶來的身體變化，制訂相應的計畫，每當經痛時，計畫全都無法正常進行。如今我會在預計月經來潮期間，安排較少的待辦事項，不會等到制訂之後，才發現自己身體不適無法做到而感到無可奈何。制訂計畫時，必須提前保留放鬆身心的時間，如果把重要的工作避開生理期，便能按照計畫順利完成工作，心情自然會比較輕鬆，工作效率也會更好。

不要再把自己當作機器人，而是接受自己身為動物，會受到萬物影響的事實。請掌握身心會於一星期、一個月當中怎樣運作，然後試著配合節奏擬定計畫，這個方法能讓你在不過度勉強自己的情況下，有效達成目標。

Chapter
7

找回生命價值的
真實見證

倘若 BLOCK6 系統只對我有意義，我就不會如此有自信地說出：「我們一起來做吧。」

我用了一年六個月以上的時間，與兩百多名擁有不同生活風格的時間區塊小組成員共同執行 BLOCK6 系統。

有些成員不過將 BLOCK6 系統導入生活兩、三週，便告訴我：「最近一年來，我從來沒有像現在這樣，能夠按照自己想要的方式利用時間！」有些成員則在一年多以後說：「我曾因為一成不變的生活感到厭倦，但現在有了許多想做的事！我居然對明天存有期待，簡直不可思議，對吧？」我親眼見到了發生在他們身上的改變。

我沒做什麼特別的事，只是告訴他們「視覺化時間」的方法，稍微推他們一把，並且貫徹實行「計畫→執行→查核」循環。這本書中提到的所有範例和這一章記錄的成員故事，都是他們所創造的成果。儘管每個團隊成員的性別、年齡、職業、MBTI＊都不一樣，卻擁有一項共同點，就是致力於把一天分成六區塊，找出時間做自己真正想要的事情。你如果能夠像他們一樣，牢記「縮減無謂的事物，專注，想做的事」這個原則，並應用在生活當中，下一個有所改變的人，便是你。

＊譯註：邁爾斯·布里格斯性格分類指標，由四大維度把性格分成十六個型態，是一種內省式、自我報告式的性格評估測試，在韓國蔚為流行。

減少時間浪費，
不賣命加班的工程師

#上班族 #男性 #加班族 #化身準時下班的 #斜槓族 #ENFJ＊

　　我是一個在工程公司上班的三十多歲上班族，每天加班不過是家常便飯。久違準時下班時，我則會忙於和三五好友喝酒，是個非常普通的男人。儘管如此，我還是會安慰自己這種生活也是一種經驗累積，努力撐過每一天。

　　當我還是個部門菜鳥時，不僅要完成原有的工作，還要服侍主管，幫忙辦公室的行政工作，總是要等到下班時間後才能開始做自己份內的工作，期盼著擺脫菜鳥生活的那天，就這樣過了一天又一天。幾年後，我跳槽到其他公司，擔任總工程師負責領導團隊，和從前不同的卻只有換了公司。由於大大小小的會議和管理工作的緣故，我還是必須等到下班後才能開始做自己份內的事務。後來，我

＊譯註：MBTI 的其中一種形態，E 表示外向、N 表示直覺、F 表示情感、J 表示判斷，在柯爾塞氣質類型測試中被稱為教師。

加入時間區塊團隊接觸 BLOCK6 系統。大約一年半以後，自己的工作模式變得和過去截然不同，而幫助我大幅提升工作效率的主要有三點。

第一，為了遵循「縮減無謂的事物，做自己想做的事！」的口號，我試著從職場生活中找尋無謂浪費的時間，因為已經體認到，想要騰出時間做真正該做的事，必須先擯除不必要的業務和缺乏效率的事情。眾多工作中，最有問題的便是反覆確認郵件的習慣，對我的工時有極大的影響，每當確認郵件後，我都會弄亂業務的優先排序。自從發現自己老是放下手邊的工作，優先處理新需求後，便決定減少這個「隨時確認郵件的習慣」。現在，我會盡量只在一天當中確認郵件兩次，分別是每天剛上班的早上九點和吃完午餐的下午兩點，以利在早上和下午開始工作前設定待辦的優先排序。結果，**我的優先排序變得比隨時確認郵件的時期更明確，工作的連續性隨之提升**，進而減少工時，成果變得更讓人滿意。

第二，養成習慣事先在週末計畫下週要做的事，以及每天晚上安排隔天要做的事。只不過多看幾次計畫表，便**足以量化自己擁有的時間和完成所有工作後剩下的閒暇時間**，減少了虛度光陰的頻率。

第三，更有效調配工作順序。從前我總是反覆同樣的工作模式，在成堆的工作中先做能獨力完成的事，推遲必須請其他部門協助的工作，所以往往到很晚才會收到其他部門的成果，導致自己的下班時間也更晚。但現在終於明白，先處理需要其他部門支援的業務，對彼此都有好處，不僅收到要求的人能有更充裕的時限，我也

可以在正常上班時間內完成負責的部分。光是**在既定時間內調整輕重緩急**，我就告別了「加班族」的生活。

　　原本要等到加班時間才能開始做份內工作的自己，最近時常被同事問道：「你怎麼能做這麼多事？」現在就算工作變得更繁忙，我還是有自信能順利完成，並且擁有專屬自己的個人時間。

找到個人時間，
享受休閒時光的貓奴

#上班族 #單身 #貓奴 #自我開發 #熱愛桌遊 #ESFJ*

我是在法律相關行業工作第四年的上班族，加入時間區塊團隊後，目前已使用 BLOCK6 系統達七個月。

投入職場前，我花了七年準備考試，每天寫計畫表對我並不陌生，不過當我使用原有的時間管理方法時，遇到了一個難題，我不斷重複在計畫當下感受暫時的喜悅，卻在其後實踐和查核階段再度對自己失望的模式。所以我一直在尋覓其他的計畫表或時間管理方法，過著迷惘的游牧生活。

後來，我使用 BLOCK6 系統，輕鬆量化自己的一天，**感覺自己的人生在短短的六個月間，有了戲劇性的變化**。其中最大的收穫就是我騰出時間自我開發的同時，還能安心地享受我的興趣愛好。

---

*譯註：MBTI 的其中一種形態，E 表示外向、S 表示感覺、F 表示情感、J 表示判斷，
在柯爾塞氣質類型測試中被稱為供給者。

第一區塊通常是早上六點到九點，相當於上班前的時間。在過去，我從沒想過可以使用這個區塊。接觸BLOCK6後，我決定在第一區塊安排一些自己想要做的事。起初並沒有太多的規畫，只是覺得即便只有十分鐘，也該有點專屬的個人時間，當時放入的通常是讀書、早晨鍛鍊、冥想這類的事。縱然一開始常以失敗告終，但我還是持續計畫、實行、查核，努力想實踐第一區塊，現在它已經成為我一天當中最重要的「個人時間」。以前我用在自我開發和興趣的第一區塊僅有十分鐘的話，現在已經延長為凌晨四點到早上九點，充分能讓自己有所發展，對於過去不懂多加運用上班前的時間的我來說，可謂莫大的轉變。

　　我飼養了兩隻漂亮的貓，分別是「小松」和「忠南」，使用時間管理系統讓我的貓奴人生也有了改變。從前我平日都要加班，週末也常外出，和貓咪度過的時間不多，無法好好照顧牠們；我也喜歡玩桌遊，但因為太多的事要忙，連這個興趣都無法好好享受。

　　然而，**我現在學會區分「該做的事需要花費的時間」和「休閒時間」**。我將過去總是認為只能利用剩餘時間進行的休閒活動分別放入不同的區塊，安排了「週三第五區塊的貓咪玩樂」「週六第三至第五區塊的桌遊時光」，這樣一來，我就能在相應區塊中完全專注在貓咪身上，或是盡情玩桌遊。雖然改變看起來非常微小，但它讓我獲得了絕對不小且確實的幸福感。

育兒的母親，
運用六區塊重拾自信

#連年生* #全職主婦 #四人四貓 #Body Profile #ENFP+

　　假如要選出兩個和我脫不了關係的關鍵字來介紹自己，我認為會是「飼育」和「連年生兄弟的媽媽」。

　　養育兩個小孩的同時，我也飼養貓咪，但不是優雅地只養一隻，而是養了四隻，其中三隻帶有疾病，隨時會嘔吐、便溺、掉毛，清理上需要許多時間。不過相較於育兒，養寵物只是小巫見大巫，年紀僅相差十四個月的兄弟時常玩得好好的，卻突然就開始吵架、哭鬧。此外，我的副業是專職評論者，負責在 IG 上發文寫下各種贊助商品的評論。

　　之所以解釋得這麼詳盡，是想告訴你，我要做的事真的很多，然而我卻是個在完成一件事前，就已經在安排下一件事的「沒事找

＊譯註：在韓國如果兩個小孩相繼出生，相差僅一歲左右，稱為連年生。

＋譯註：MBTI 的其中一種形態，E 表示外向、N 表示直覺、F 表示情感、P 表示感知，在柯爾塞氣質類型測試中被稱為「優勝者」。

事的高手」。結果，我日復一日重蹈覆轍，未完成的計畫愈來愈多，導致原本已經很自卑的主婦生活愈加鬱悶。

當我身在如此困境時，恰好遇見 BLOCK6 系統，感覺就像發現新世界。我**把必須花時間去做的事（做家事和育兒）想成一般的例行公事後，一切變得清晰可見。**你問我指的是什麼？我不再因為感到受限而無法專心利用自己的時間，相反的，能運用時間制訂想要達成的目標並加以實踐。這裡我用一個拍攝 Body Profile 的故事作為範例。

下定決心拍攝 Body Profile 的四月十四日，體重是五十九‧六公斤，體脂肪是二十七‧九％，當時距離拍攝日剩下三個月左右。單純減肥和準備 Body Profile 不太一樣，從我的觀點來看，拍攝 Body Profile 的身材必須有結實的肌肉才行，換句話說，為了打造肌肉，我必須確保自己的鍛鍊時間。BLOCK6 系統最具體的表現在於，它能盡量把可用區塊用在目標上，我做的第一件事是「簡化生活」，將時間分為和小孩相處以及獨處的時間，如果有小孩在身邊，就算想利用零碎時間做些仰臥起坐或騎飛輪都不容易。我發覺如果自己和連年生兄弟待在一起，根本沒辦法運動，因此報名了生平第一次踏入的健身房。

孩子們在八點五十分上學、十二點放學，所以我有大概三小時的獨處時光，如果扣除來回的接送時間，將剩不到三小時，但我決定將這段期間全部用來運動。從十點開始，我會先上一小時的教練課，然後繼續做有氧運動，接著滿頭大汗的去接小孩，連盥洗的時間都沒有，認真到自己都不禁懷疑，這輩子是否曾如此熱衷於運

動。三個月後，那天終於還是來臨，InBody（身體組成分析儀）量測結果是體重五十二‧二公斤，體脂肪約十五％，拍攝Body Profile沒有問題。我很訝異的是，自己居然減了八公斤左右，**長久以來，內衣下方都是層疊的贅肉，如今那個位置已被帥氣的背肌取而代之。**

此外，從前每當過完週末，我都會在週一顯得特別疲憊，但現在自己的體力變好，即使在平日帶連年生兄弟到遊樂場玩個一小時也不會累。改變身材是培養自信心很好的工具，如今都能打造出我想要的身材，還有什麼事是我做不到的。

藉由 BLOCK6 系統，我領悟到自己該用哪一種方式前進，以達成目標。過去覺得自己再怎樣努力提升效率，都會在育兒和做家事的過程當中心力交瘁，就算對生活盡心盡力，似乎也無法得到肯定，就像是一個社會不必要的人。為了克服這個問題，我曾嘗試各種實驗專案，沉浸在追求成就感，然而當專注育兒和家事遭遇中途放棄或失敗時，則會帶著更大的自卑回歸原本的生活。但現在，我相信自己能夠做到任何事，因為我知道，如果利用系統將擁有的時間進行分類和簡化，然後將目標套入可用區塊，最終一定會實現。

經常憂鬱自責的我，
為何能改變

#職場媽媽 #產後的無力感 #找尋自信 #ISFP*

近五個月，我的改變遠超越產後那三年！BLOCK6 系統融入我的生活後，生完小孩後一直如影隨形的無力感終於慢慢消失，生命的活力和想做什麼的念頭逐漸填滿內心。接下來，我將依照時間順位敘述自己的改變。

【執行 BLOCK6 前】自從生完小孩後，家就不再是我休息的空間，不管在公司或是在家，都沒有屬於我自己的時間。對我來說，早上到公司上班、晚上帶小孩，這種一成不變的日常生活，帶給我的是憂鬱、厭煩、無力感，而非安全感。

＊譯註：MBTI 的其中一種形態，I 表示內向、S 表示感覺、F 表示情感、P 表示感知，在柯爾塞氣質類型測試中屬於作詞人。

【執行 BLOCK6 的第一個月】我把一天視為六個區塊，開始以一週為單位，循環實施「計畫→執行→查核」週期。第一個月是我認識 BLOCK6 概念的時候，也讓我更確切掌握自己當下的狀態，我決定正視沒有個人時間這件事，無論如何都要創造屬於自己的區塊。和老公商議後，開始每週運動兩次當作個人時間，運動時光使我非常幸福。出奇的是，當我開始鍛鍊後，**熟睡的日子漸漸變多，醒著的時間也更容易專心，一天變得更有活力**；同時也重拾嘗試去做其他事的心情，宛如又回到大學生時期。

【第二個月～第三個月】對BLOCK6概念愈來愈熟悉後，我開始持續計畫和查核，不再遺忘自己要做的事，相較於只寫待辦清單（To-Do List），執行力變得更強。隨著想做的事日漸增多，我開始利用早上出門上班前的時間閱讀。由於平常不太看書，所以選擇在這段時間看十分鐘以上的書籍，或是看些經濟日報，後來我更對經濟產生興趣，進而報名理財相關課程。

另外，我也開始學習和工作有關的程式語言，在部落格發布公開文章等等。當想做的事愈多，我也愈有生活的動力，更加專注在自己的計畫，不再分心或感到有壓力。因為有了個人時間，在進行「育兒區塊」時，也得以將專注力全放在小孩身上。

【第四個月～第五個月】制訂計畫變成一種習慣，我變得經常確認計畫表，並且積極修正內容。儘管想做的事變多以後，待辦隨之增加，但我已經懂得如何訂出每件事的優先排序，現在的我比執

行前的第一個月早起一個小時以上，有了更多上班前的彈性時間。偶爾無法達成計畫時，也不會像以前一樣感到自責，反而愈來愈幸福，**就算無法每天實踐所有事情，也能在一整天沉浸在區塊時，感覺自己主導著時間。**

我很開心看見自己透過不間斷地執行時間管理系統，一點一滴有所進展，感受到確實活著，無論做什麼都很滿意，變得更愛自己。

從過勞生活，
轉變成黃金比例的人生

#職場媽媽 #人生的黃金比例 #找到屬於媽媽的時間 #ENFP

我是擁有一雙兒女的職場媽媽，在認識 BLOCK6 系統前，我有一個全職工作，偶爾需要加班，下班後還要教小孩念書，過得十分忙碌。因為很喜歡小孩，所以和他們相處的時間很愉快，也很幸福。然而這五、六年來，我每天重複著職場和育兒生活，沒有半點的個人時間，突然擔心自己總有一天會被消磨殆盡。縱使過得很幸福，但這個幸福似乎有保存期限。

自認只有身為媽媽的我感到幸福，孩子們與家庭才會幸福，但是以物理的角度來看，時間全然不夠用，想要擁有個人時間根本是件奢侈的事。所幸我遇見了使用 BLOCK6 的時間區塊團隊，**透過多次的反覆試驗，終於找到人生的黃金比例。**

清晨的三個小時是我的專屬區塊，白天當個上班族，下班後則成為一個家的母親，盡力使自己專注於分成三等份的時間裡。

因為想要早起，勢必就要早睡。由於小孩必須和我一起早睡，育兒時間相對略微減少，但自從有了「積極育兒」的概念後，即使

相處的時間比過去還少，但品質卻變好了。我能夠和小孩積極互動，從小培養他們的良好習慣，而不僅止於花時間「消極育兒」。

另外，視覺化時間後，我從時間區塊中察覺到自己追求的價值和度過的光陰明顯有落差。震驚地發現，雖然一直將「家庭」視為最重要的事物，卻幾乎沒有和老公相處的時間，假如我可以多花點時間和他相處，應該能擁有更讓人滿意的婚姻關係。

我還意識到，我們夫婦能夠自己主導的時間實在太少，必須想辦法騰出更多的空閒時間，一起努力實現「經濟自主」。為求按照優先排序度過每一日，有時候需要拿出「拒絕的勇氣」，同時更要致力於學習擁有人生的主導權。

在自己的寶貴三小時裡，我看書、寫字、運動，為靈魂灌溉養分，如今隨著時間不斷累積，我逐漸成為一個可以透過演講和文章為自己發聲的人，更希望未來能夠經營一個出色的社群，讓許多像我一樣忙碌的職場爸媽得以一起成長、養育小孩。

總是埋怨現實、硬著頭皮過活的我，自從遇見 BLOCK6 系統之後，一點一點實現了曾經渺茫的夢想。我所嚮往生活和現實能夠慢慢縮短距離，全都歸功於它把一天分成六個區塊，並且教會我重複計畫、執行、查核，然後重新改善的週期，透過它，我成為時間真正的主人。我希望那些和我相同，連一點短暫的時間都無法擁有的「職場媽媽」「職場爸爸」，也能體驗到它所帶來的驚艷奇蹟。

我和國小女兒，
展開神奇的時間管理

#線上學習 #媽！我功課寫完了 #母女一起 #成為時間的主人

「功課寫完了嗎？」才剛在公司打完仗，下班回到家後，轉眼又是另一場戰役。

我是一個職場媽媽，有個國小五年級的女兒，當我詢問她有沒有寫功課的瞬間，家裡的氣氛往往會立刻變僵，不只是我連小孩也很有壓力，我相當煩惱她究竟什麼時候，才能完成學校和補習班的作業，不再拖延。

這是我使用《6區塊黃金比例時間分配神奇實踐筆記》大約三個月左右以後發生的事。

我每天睡前都會坐在餐桌前寫計畫表，這件事引起了女兒的興趣，因此我把備用的計畫表交給她，說明了一天六區塊的概念，她也馬上理解了用途，動筆寫下自己的一天。我們就這樣開始一起使用 BLOCK6 系統，女兒並不會把自己寫的計畫表拿給我看，我也不會另外檢查，**一段時間後，有了驚人的變化。**

「功課寫完了嗎？」這個問題從前總是會讓彼此的氣氛瞬間冷卻，但現在女兒和我都不再對此畏懼。過了一陣子，我接到補習班

老師的電話，她告訴我：「您的女兒最近好像變得喜歡讀書，功課都沒遲交，表現得很好！」

國小五年級的小孩接觸《6區塊黃金比例時間分配神奇實踐筆記》後，對時間開始有了概念，似乎是因為概念不複雜，並非以小時或分鐘為單位，而是以大範圍的區塊區分時間，所以更容易理解。我的女兒學會計畫自己的生活，像是做功課、看電視、和朋友玩樂的時間等，最重要的是，**她能自發安排和運用自己的時間，不需要別人的指令，這點對於建立小孩的自尊心有正面的影響。**

令人驚豔的是，我還聽到女兒跟我說：「媽媽！我今天沒寫計畫表，整天都泡湯了！果然還是要寫計畫才行。」BLOCK6系統不僅協助了我，也協助了就讀小學的女兒學會自行制訂計畫、加以實踐，得益於此，家中的氣氛變得和平許多。

忙於三班制，
我如何成就斜槓夢想

#三班制 #雙胞胎媽媽 #差點掉入時間的洪流中 #ESTJ*

　　我是必須輪班工作，有一對五歲雙胞胎的職場媽媽。身為一個工作十三年的上班族，職場少有快樂的事，日夜輪班的工作加上育兒更是讓人感到疲憊，此時我偶然認識了 BLOCK6 系統和一起使用它的團隊成員。

　　我敢說：「**加入如此多元、有建設性、渴望學習的偉大團體後，我的人生中出現了一個新世界！**」

　　輪班工作很難管理時間，不！應該說根本無法管理時間。放假的日子不用上班，但要帶小孩；上班的日子則要邊工作邊帶小孩。我從來沒奢望過自我開發，但從 BLOCK6 系統中獲得的最大收穫，便是看清了自己過去複雜的生活模式。

＊譯註：MBTI 的其中一種形態，E 表示外向、S 表示感覺、T 表示思考、J 表示判斷，在柯爾塞氣質類型測試中被稱為監督者。

我將時間大致分為育兒、工作、閒暇和睡眠時間，其他人多半不會將「睡眠」另外區隔，但我的生活總是日夜顛倒，所以特別規畫出睡眠區塊。我覺得輪班工作的人可以透過它，實際掌握自己的時間，獲得助益。

五歲雙胞胎現在還處於時常找母親的時期，自從我把一天分成多個區塊，便能在育兒區塊時更加投入其中，此外我看見帶來幸福的閒暇區塊，那時段顯得彌足珍貴。令人訝異的是，目前我已迷上室內運動超過一百五十天，甚至讓我懷疑是否曾對運動如此認真，**讓人得以堅持鍛鍊的原因，便是因為「閒暇」時間變得清晰可見。**有時候，儘管自己已經計畫好利用閒暇區塊運動，也會突然不想起身，不過當知道已經沒有其他時間可以運動，就會調整心態，帶著對這段時間的感謝，開心的運動。

不是有句話這麼說嗎？想改變生活，就先改變來往的人。我看著擁有正能量的時間區塊團隊成員們每天認真地守在自己的崗位，積極過生活的樣子而受到了許多影響，我也在不知不覺之間變成持之以恆的代名詞。

我對於能夠按照「縮減無謂的事物，做自己想做的事！」這個口號過日子，感到很幸福，這句話也已經融入我的生活超過一年。十年多來，我不曾想過工作以外的事，但如今我想成為一個「斜槓族」，在進行時間管理的同時，有了更多的機會傾聽內在的聲音，這麼好的事情絕不能獨享，所以也把這件事分享給了伴侶。今後，我打算繼續使用這套系統充實生活，假如我不曾遇見它，就會一如過往，掉入時間的洪流中。

全職在家工作者，
平息情緒躁動

#三個小孩 #全職在家工作者 #INFP *

我有三個小孩，目前在家經營K書房，由於工作場所是自宅，所以工作、育兒和家事總是攪在一起，令我非常疲憊。隨著K書房的學生日益增加，自己的工作量也愈來愈大，而且工作結束後，還要繼續照顧家裡較年幼的孩子。

與此同時，我渴望寫作，總是為此熬夜然後寫到睡著，導致隔天往往有起床氣。再者，照顧家人、經營K書房、育兒的過程中，常會出現突如其來的變數，導致必須臨時改變計畫，每當這時，都會不斷往我心裡累積失望和焦慮的情緒。

一開始接觸BLOCK6系統時，對我來說最新奇的是把一天粗略分成六區塊的想法，我決定先試著把一天分成六區塊，找出專屬自

---

*譯註：MBTI的其中一種形態，I表示內向、N表示直覺、F表示情感、P表示感知，在柯爾塞氣質類型測試中被稱為治療師。

己的時間。首先，將早上的第二和下午的第三、四區塊設定成工作時間，晚上的第五區塊則是為家人付出的時間。排除該做的事情之後，發現自己可用的時間是早上和晚上的各一個區塊。自從把這些時間視為個人時間後，一大早起床也不再是難事。

起初，想要早起不容易，以前的我，時常因為覺得自己沒有完成工作和想做的事，感到很不踏實，所以會在哄睡小孩後，再度起身找其他事情來做，直到深夜才休息。不過，以 BLOCK6 設定每個時間該做的事之後，就算當天實踐的只是件小事，也能心滿意足地入睡，**因為 BLOCK6 的標準不是時間，而是我想堅守的「價值」。**

隨著時間過去，我改變了許多，最大的轉變是開始肯定自己、懂得愛自己。我其實沒有做什麼大事，雖然只是做到凌晨起床喝杯熱開水、拉伸十五分鐘、看書二十分鐘……這些無關緊要的小事，可是藉此產生的成就感逐漸積累在心中，對自己也愈來愈滿意。

其次是不再被工作追逐，有了控管的能力。從前，我從早到晚像被時間追趕般地工作，而且總覺得哪裡不對勁，一直反覆確認的行為，不過自從利用區塊保留專注工作的時段後，我開始能專心處理當下的待辦事項，不再拖延。因為該做的事都可以按時完成，終於有了積極經營K書房的動力，學生的滿意度也因此提高，自然而然有了口碑。當學生人數變多，我不但更加有系統地經營，還與孩子們一起念書、成長。

從我開始利用 BLOCK6 系統將時間視覺化，把一天分成六區塊，整理出授課、運動、備課、家事等時段，以及每天、每週查核內容已經超過半年，即便日子還是忙碌，但內心變得相當穩定。

斜槓工作者，
終於走出糾結困頓人生

#自由工作者 #熬夜工作 #找出生活的平衡 #ENFP

　　我是一個身兼自由接案設計師、YouTube 授課的「斜槓工作者」，身為自由工作者的好處是時間彈性，壞處也是時間彈性。具體來說，在我不受組織束縛，可以根據自己的優先排序調整工作時間的同時，會因為自主性過高，難以管控時間。有時候，我會沒完沒了推遲該做的事，甚或同時進行多項工作，導致好幾個專案陷入打結的困境。

　　遇見 BLOCK6 系統以前，我的時間多半花費在外包設計的工作，為了按照客戶要求修正內容，趕在時限截止前完成，以至於必須減少睡眠時間，這種狀況，先不論生活的平衡，我連工作以外的事都沒時間思考。結束工作旺季後，剩下的時間會變得非常多，多到讓人心情低落，覺得憂鬱。

　　藉由 BLOCK6 系統的幫助，我得以大致規畫自己整體的生活，而不再是以一個月、一週為單位，詳細來看，是把一天分成六個區塊，決定分別該做什麼來個別管理，就算整天要做的事都相同，但

每個區塊的待辦排序會更加明確，而且最好能在完成一件待辦時，就將該項目劃掉。

負責專案設計工作時，由於必須配合客戶需求時間，我不得不工作到半夜或清晨，但即使是如此忙碌的日子，**我還是會寫下一天六區塊中一定要兼顧的價值和不該做的事，照顧好自己且消化每件事**。舉例來說，就算工作多到必須熬夜才能做完，我也會在寫著「做瑜珈」的第三區塊，騰出三十分鐘，打開 YouTube，站到瑜珈墊上。因為忙碌導致一整天被牽著鼻子走，對比有短暫時間按照自己的計畫行動，這兩者的感覺落差很大。

當結束一天，回顧著《6 區塊黃金比例時間分配神奇實踐筆記》時，它不僅幫我查核過去的計畫，也對了解自己情感有很大的助益。

我曾因為每天用心工作，卻仍毫無成果而陷入沮喪中。自由工作者必須自己開創道路，但付出與回報不能成正比，這樣約定成俗的現實讓人很痛苦。**藉由計畫表中的 Good & Bad & Next 欄位，我得以每天稱讚、安慰自己，從中獲得力量，為每一個明天做好準備，不就此崩潰。**

撐過那段時期後，我還陸續收到來自各方的授課邀約，近來我走遍全國授課，也針對教職員進行線上教學，幸虧沒有在艱困時期倒下，保住了自己的明天，才能踏上職涯的下一階段。

假如，你是一個因為「自由」感到辛苦的自由工作者，期盼你能夠將一天分為六區塊，輕鬆的區別其中該做的事、再忙也要履行的事，以及不該做的事，讓這些辛勞過程成為支持自己的力量。

難以專心的懶散學生，
找回積極自我

#大學生 #讀書習慣 #ESTJ

　　我的個性容易因為時間限制感到壓力，變得心急、無法專心，讀書的時候，至少要花三小時才能集中精神，因此利用定時器規範自己在指定時間內專注的「番茄鐘工作法」（Pomodoro Technique），或依照時間排程做事的方法並不適合我，直到接觸BLOCK6 系統後，我終於找到適合自己的時間管理法。

　　我是一個在英國專攻會計和財經科系的大學生，高中以後我經歷了很長的留學準備階段，那段期間我把所有的心思都投入讀書，在正式進入大學前，得到了約莫九個月的自由時間，但當時不知道自己該做什麼，導致鎮日無所事事。結果上了大學後，我依然無法有效利用時間，時常因為晚起缺課，做什麼都是臨陣磨槍，也沒交到幾個外國朋友。沒過多久，因為疫情關係，我意外回到韓國，開始修習線上課程。

　　儘管心裡一直想著「不能繼續浪費時間」，卻沒有任何作為。由於我需要配合英國時間聽課，作息因此日夜顛倒，過得很辛苦，

同時我必須住在韓國，度過英國大學生涯這點，也讓我很難過。我就連自己該做什麼都不清楚，也不知道每件事的輕重緩急。

當剛開始利用 BLOCK6 回顧自己的生活時，才真切感受到日常有多鬆散，正視現實後，改變自己的契機變得明確許多。我以前習慣在中午十二點後起床，但現在就算是放假期間，也會在早上七點前起床；過去總滑手機消磨時間的我，如今有了很多想做的事，並會以閱讀書報展開自己的一天；我會抽空運動、讀書，也會用記帳、記錄當天的事情作為一天的收尾。

我能**有如此大的變化最主要的原因是，透過 BLOCK6 擁有了計畫、執行、查核的時間**。我先利用 WEEKLY PAGE 記錄下一週的排程，努力安排自己盡量在空閒時間讀書，然後再用 DAILY PAGE 寫出當天的排程細節，加以實踐，而 DAILY PAGE 中記錄關鍵字的欄位讓我能更有效地活用時間。

最後，試著查核過去一週的「我」這件事，對自己而言非常珍貴。不管是誰都無法一直過著一成不變的生活，有時候或許狀態不是很好，或者是工作太忙，又或者突然什麼都不想做；同樣的，這週也有可能會有新的挑戰，但如果你不做任何查核，就此結束這週，便無法得知自己是以怎樣的面貌度過這段時間了。我透過查核反省自己，當發現這星期沒有做到任何一個讀書區塊時，就會回溯原因，想辦法在下週至少完成一個區塊。因為如此，**我的學習進度從每日平均一個單元變成三個單元，原本一天平均只花四小時讀書，也增加為十小時**，然後活用剩下的時間閱讀報章和鍛鍊身體，目前我正在努力養成閱讀的習慣。

遇見 BLOCK6 之前，我從未料到自己能在讀書的同時，做其他的事情，如今除了讀書，我也會堅守閒暇和自我開發的時間，值得一提的是，我的睡眠時間並沒有比過去只知道讀書的時期來得少。

Chapter

8

創新系統，
把時間轉化為價值

了解自己，
你該懂「我的使用說明書」

　　說到成人，你會想到什麼？在我看來，成人是「致力於更了解自己的人」。人到了某個階段，就會不再對自己好奇，進入大學或職場以後，試圖了解自己喜歡什麼、想成為怎麼樣的人、本身的體力極限、做什麼事最辛苦、最近的情緒起伏等等，在在讓人開始感到厭煩或吃力。

　　於此之後，我們會在某個瞬間迎來「成年青春期」，這時你會比任何時候更加劇烈、痛苦地動搖，但如果到這種時候才開始苦惱，並不會讓你突然更了解自己。

　　值得感謝的是，**時間管理讓我在無意間逐漸了解自己，並且沒有放棄對自己的好奇。**BLOCK6 系統讓我明白擁有的時間有限，使我能在寶貴的時間裡持續練習取捨想要做的事，在欲選出眾多興趣的其中幾個放入 BLOCK6 剩餘欄位時，會不斷向自己發問，而問題全都有關於想要怎樣的生活。

　　我不僅得知自己喜歡做企畫、樂於和他人進行有意義的對話，還發現自己現在的興趣和之前不一樣。我曾經很喜歡參加社交派

對，但現在已經不再為此著迷，覺得為了經營那樣淺薄的人際關係，花時間打扮很浪費時間，也不喜歡回來之後累得精疲力盡。隨著愈趨了解自己，好惡也愈來愈分明，討厭的事變得更討厭，喜歡的事變得更喜歡，例如我以前根本不知道自己是如此喜歡半身浴和散步。

此外，也領會了一天和一星期之間的適當平衡。曾經以為自己是外向的個性，發現其實每週都需要一段獨處在家的時間，我必須利用那段時間充電，才能自在地面對其他人；原以為「宅女」這個詞彙完全不適用於我，卻發現其實需要有個時段當宅女；我了解到需要多少休息時間才能為自己充飽電，多少對外活動才能重新喚醒活力。這些林林總總該說是「我的使用說明書」嗎？總之，把說明書一點一點填滿的感覺很好。

「更了解自己」對身為自營工作者的我來說很有幫助。成為自營工作者，必須獨自決定發展方向，相對成長速度也會較緩慢，如果社群網站傳來線上鄰居的捷報，也會讓我感到畏縮和不安，可是隨著愈來愈了解自我，逐漸不再被別人的消息動搖，即便真的動搖，也不會被影響太久，因為現在的我能夠告訴自己：「我就是我，有自己的聲音以及屬於我的速度，過好自己的人生就行了。」隨著時光流逝，內心的聲音也愈來愈堅定。

透過 BLOCK6 系統，不管是在時間管理、人際關係或工作等各項層面，都能選出更適合自己的幸福選項。

你需要
「做出正確決定」的勇氣

　　在人生當中，一定會有些不容錯過、無法重來的瞬間，比起想著自己「取得了不起的成績」「有效利用時間」，更重要的在於你是否對此有所察覺，並且沒有錯過它？我們需要勇氣，才不會錯過這種時候。透過時間管理，我明確了解自己想要怎樣的生活，有了果斷抓住那個瞬間的勇氣。

　　二〇二〇年十二月三十日，我在濟州島開心旅行的晚上，我接到弟弟的電話。從聽筒那頭，傳來父親健檢結果不太好的消息，當時我有一個直覺：「啊……二〇二一年可能會有點令人難過……。」

　　幸好父親做完精密檢查後，即轉為門診治療，每隔兩、三個月，他都會來首爾接受診療。每次診療時，我都很害怕從見面不到三分鐘的醫生口中，聽到什麼不好的消息。

　　一到等待診療的候診室，父親就從包包裡拿出幾張皺巴巴的便條紙，開始讀了起來，我把他手中的便條紙拿過來看，發現上頭用幾個簡單的詞彙，寫下他想問醫生的問題：「我是否能繼續工作？

病情會不會好轉？」其中的內容並非三兩下完成，而是在練習本上整理過的字句。父親不是會用心做備忘錄的那種人，從那幾段文字當中，看到了他對於極具希望的回覆所抱持的期待感，實在是令人傷感的備忘錄。

結束診療後，我帶著準備回釜山的父親到車站，然後打電話給母親，轉告她詳細的診療結果。雖然我經常打電話給父母或與他們視訊，但依然很懷念一家人相處的時光，況且我直覺他們現在都很需要人陪伴。我經由父親把紙條弄得皺巴巴的焦慮，以及母親從電話那頭傳來的聲音中確實感受到了這點，我很想陪他一起搭乘 SRT ＊回釜山，可是手邊有太多的工作尚未完成。送走父親後，我非常過意不去，儘管已經在電話中向母親清楚說明現況，仍舊惴惴不安。有些痛楚必須面對面、互相傾吐，牽著手一起走過才能消弭，對我的家人而言，目前正是需要如此的時候。

回到住處後，當我工作到一半時，心中突然浮現幾個疑問。「我的優先排序不是家人嗎？」「我不就是因為想要彈性運用自己的時間才離職，這般投入工作是正確的嗎？」「這種時候不選家人，而是選擇工作區塊，難道不會後悔嗎？」對於內心的疑慮，我無法告訴自己：「嗯，現在應該工作。」處理完比較急迫的事情後，我就立刻搭上火車返家。在釜山度過短暫但深刻的兩天一夜，我便再次回到首爾，至今一直認為那是當下最正確的選擇。

＊譯註：韓國高速列車，類似台灣高鐵。

我以前也有過類似的情況，很多時候都因為猶豫是否該請假，而錯過機會，然而現在明白如果總是猶豫不決，那樣的人生將不會留下任何重要的瞬間，就算你請一、兩天年假去做自己想做的事，也不會出什麼問題。有些緣分會在躊躇是否該主動聯繫的過程中，慢慢變淡，而有些機會是因為光說不練，才悄悄溜走。

　　我現在如果接到老朋友久違的聯繫，都會覺得感激，因為他們願意暫時拋下忙碌的日常，選擇與我聯繫，他們肯定也苦惱過：「很久沒碰面，不知道會不會很生疏？」「突然打擾人家，是不是不太妥當？」但最終仍按下通話鍵，這點真的非常感謝。

　　家人就更不用說了，雖然有點奇怪，不過每當我們想向時常見面的家人表達感謝或愛意時，往往需要更多的勇氣。我曾經在部落格發布一篇文章，敘述我迄今為止做過的「選擇」，我把那篇文章的連結發給母親，意外地從她那收到一段很長的回覆，她的訊息寫道，最近逛菜市場時老是忘記自己要買什麼，而且感覺自己逐漸連生活中的小事也無法做出決定，所以很欣慰我可以做出人生的重大決策。母親明明比起打字更喜歡打電話，卻用KakaoTalk發來如此長的回覆，一字一句都蘊含著以往沒有表露過的心意，讓我當下不禁淚流滿面，那天媽媽的勇氣成為了我人生重要的瞬間。

　　我比從前更清楚，自己想要怎樣的人生基調，為了朝目標邁進，也愈來愈有勇氣在必要時選擇首要的事物，我將自己的想法再次整理如下。

　　按照心中的優先排序過活並不是一種奢侈，並非有錢人才能如此生活，我們有責任讓自己擁有那樣的人生，只要明白想要的是什

麼，然後鼓起勇氣選擇它。

我會鼓起勇氣，多和身邊的人一同歡笑、互相安慰，在有機會作伴的時候一起度過。

我會鼓起勇氣，表達自己的真心，取代短暫的尷尬。

我會鼓起勇氣，委託別人協助，以爭取時間做自己想做的事。

我會鼓起勇氣，明確表達，不用模稜兩可的態度走安全路線。

我會成為一個勇敢的人。

擇善固執的堅持，
來自於「說服自己」

　　如果和朋友一起喝酒，你通常會中途離席，或是待到最後？我百分之九十九是後者。假設有一百次酒席，我中途離席的次數絕對屈指可數。

　　我的大學同學當中，有個每到晚間九點左右，正當酒酣耳熱，便說要離席的人，他的理由每次都不一樣：「我要和家人一起度過。」「今天說好早點回家。」「我今天一定要運動。」「我有事要辦。」每當那時候，我都會挽留他，嚷著：「喂！我也有事情好嗎！明天再做吧！」但那個朋友總是會說：「我真的該走了。」然後逕自離去。即便我嘗試過讓他坐在難以抽身的角落，或用甜蜜的誘惑挽留，卻從沒有戰勝他任何一次。他那與我截然不同的堅持讓人十分好奇：「究竟那股力量從何而來？」也不禁感嘆他對於和家人、自己之間的約定堅持到底的決心。不久之前，我終於揭開，朋友讓人好奇的堅持背後，一直以來所隱含的秘密。

　　「你想要過怎樣的生活？」

　　「你想做什麼？」

「如果想完成那個目標，該做些什麼？」

「如果想做那件事，需要放棄什麼？」

「你是不是寧願放棄那個，也要做這件事？」

當我開始執行 BLOCK6 系統，不斷向自己提問後，終於明白那個秘密，從某個瞬間開始，我發現自己變得和他同樣「堅持」。

截至目前為止，我一直基於自己「不想說別人討厭聽的話」「喜歡交朋友」，覺得不好拒絕別人，但這些其實都不是真正的理由。**我之所以無法拒絕別人，是因為在開口拒絕以前，沒辦法先說服自己：**「相較於你說的那件事，必須先做這個！因為……」當我聽見這句話時，我無法反駁。

舉個例子。當朋友跟你說：「這週末去看電影吧！」此時，你心中的想法是：「啊……我這星期很忙，幾乎沒有自己的時間，有點想要休息……」但你卻因為在意自己拒絕的話，可能會讓朋友難過，所以回答他：「嗯，好啊！」結果話一說完，換成自己心裡不舒服。再用另個假設，如果你一週後有一個重要的考試，或是你的父母身體不適，需要留在家照顧他們，而你的朋友同樣跟你說：「這週末去看電影吧！」這時，應該不會有人擔心自己如果拒絕的話，朋友會很難過而回答他：「嗯，好啊！」因為你有明確的理由拒絕邀約，而且能夠接受自己基於這個理由請求他的諒解，才得以拒絕邀請。

以我的觀點來看，**審視計畫表就是「用自己的排程說服自己」的過程**，直到完全接受自己的優先排序後，在我身上才開始出現，那位朋友有，但我沒有的「堅持」。這種堅持是對自身的堅持，而

非針對其他人。它能使我在因為別人的要求躊躇不決時展現堅決的態度，並讓容易被懶散擊垮的我更加堅定，**透過這種堅持，才能將時間充分利用在真正想做的事情之上。**

不接受任何侷限的
「開放式人生目標」

　　二〇一二年，我在急診室輪班時，不管是生理或心理，都處於倦怠的狀態，那時我無時無刻想著：「制訂新年計畫有什麼用，又做不到，我現在就連一年的開始都不怎麼期待。」這個念頭好像維持了兩年之久。

　　我曾經無論自己是否能夠實踐，光靠制訂計畫就會感到幸福，那時卻連這種快樂都覺得毫無意義。當時的自己根本沒有時間計畫和回顧，因此也沒有機會傾聽內心的聲音。我未曾認真觀察內心病得多重，只是遮掩、迴避，然後用旅行和購物解決無法緩解、不斷累積的壓力，就像遞給正在哭泣的小孩糖果一樣。

　　如今的我，每一天都比從前任何時候更加頻繁、積極、生動思考自己的夢想。實踐小目標的次數愈來愈多，這些成就也讓自己得以設定其他目標，例如「今天一定要走一萬步！」本來只是一個小小的目標，但能夠按照自己的意志完成的日子變多以後，我思考：「試著跑三公里吧？」就此延續出其他目標。「今天在部落格發個有關時間管理祕訣的文章吧！」做為小成就的延續，我設定了另個

目標：「我應該推出一個有實質助益的自我時間管理線上課程！」

我把 BLOCK6 系統導入生活後，便開始將一週的四十二區塊當作人生的縮影，精心計畫，一邊做自己想做的事，一邊思考這週該做些什麼、和誰一起度過。每日用心度過自己所嚮往的六區塊，以每週、每月查核為借鏡，制訂更好的計畫。

起初，**這個小小的週期沒有特別之處，但漸漸像滾雪球一樣變得壯大，為人生帶來明顯的變化。**從前我總是想著：「這有可能嗎？」或是「總有一天⋯⋯」過得十分茫然，現在這些全都成了事實。離職前，我曾有這樣的想法：「為什麼護士不能掛上自己的名字工作？我也想以自己的名義工作。」現在這件事成真了；以前當我或家人不舒服，需要請假的時候，總是要看人眼色，當時我想：「真希望在家人生病時，自己可以隨時抽出時間。」這件事也成為事實。能夠在父親住院期間安心陪伴他，我真的很感激。還有，一年半前，出書只是我人生中「總有一天」要做的事，但現在當你讀著這本書，代表我這個茫然的夢想也已經實踐了。

藉由這些經驗，我對自己有了信心，覺得擁有自己想要的生活不是不可能，不再只是嘴上說說：「我可以！」而是真正相信可以做到。透過經驗的累積，明白自己能夠規畫人生的方向，且不斷前進，目前我仍在累積自己的經驗，未來將會有更進一步的發展。

我相信人生會邁向自己想要的方向，這使我相當地自在。過往，我參考了許多普羅大眾認為的「平均值」，被困在「一般人都是這樣過的！」以及「想要維持平凡也不容易」的思維中，依照就讀好的大學、進到好的職場、在對的年紀結婚的這類邏輯，進行思

考和決策。如今對我來說，「一般人」「大概」「平均」這些詞彙，已經不再有意義，我不僅無法得知那些是不是真正的平均，而且就算真的是平均，也不代表我也該照做。

我能跨出腳步開始經營一人公司，是因為變得更常傾聽自己的心聲，了解所重視的東西，才能鼓起勇氣選擇想要的事物，也經由不斷累積相關經驗，我漸漸擺脫社會的既定觀念和大眾評價。

作為代表性的例子，我想說一個有關「極簡生活」的故事。一開始，當我試圖配合這個標題時，感到相當痛苦。「這個決定符合極簡生活嗎？」「我真的想當極簡主義者嗎？」種種疑慮之下，我始終無法擺脫固有的框架，然而透過了和自己之間的對話，領悟到這個單字形象以外的本質。**極簡生活的本質並非「擁有多少」，而是「判斷出自己生活中不必要的事物後，能否鼓起勇氣剔除它？我是否具備慧眼看到人生中重要的事物？」**明白這點以後，我不再被詞彙既有的形象所束縛。「極簡生活」替我的人生上了珍貴的一課，但不多不少，僅止於此。一個概念再好，也不會大於我的人生價值。

請記得，你的人生遠大於「～主義（～ism）」這類的詞彙。

請記得，你的人生遠比職業賦予的形象和責任更廣泛。

請記得，你是獨一無二的存在。迄今為止，社會界定的極限不等於你的極限。

我目前仍算年輕，自認還可以工作五十年以上，這讓我對未來充滿期待。我曾被問過：「你的最終目標是什麼？」我也不清楚，結局是開放的，相較於不安，更讓人期待開放性結局。

透過 BLOCK6 系統，我得以取捨時間，持之以恆完成每個小目標，摸清自己時而充滿熱情時而倦怠的精力曲線，持續不斷地成長，積極朝著我心目中的方向邁進。我相信自己，為所下的決定打氣，這是透過時間管理取得的最大收穫。

結語
帶你前往嚮往人生的力量

我在寫書的同時，把自己心願寄託在每個章節，希望閱讀這本書的你能夠找到自己的生活平衡，得知何時該投入、何時該放鬆。

因為新冠疫情的影響，許多實體作業轉到線上平台，儘管一開始有點陌生，但現今無論何時何地都能開會或授課的環境，已不再令人不自在。不過，這樣的便利也讓我們變得更忙碌，因為不必擔心回家時趕不上末班車，有更多的時間做些什麼。需要投入的時候，的確應該積極行動，但**務必記住一件事，那就是你現在選擇利用寶貴的時間區塊做這件事的原因**，更不要忘記為了這件事，放棄了哪些東西。

當你以小時、分鐘為單位規畫一天時，很難看見自己追求的價值，所以生活時常受到外界刺激和衝動的內心影響，當下可能會以為一切都是自己的決定，但事實並非如此，那些只是你無意間受到干擾之後做出的被動選擇。

可是，把一天簡單分成六區塊，反覆計畫、執行、查核的循

環，將讓人更了解自己想要的是什麼，獲得力量朝那個方向前進，並且持之以恆。儘管離職意味著人生的不確定性擴大，我卻感覺比以前上班時擁有更明確的方向，就算暫時面臨霧氣瀰漫、伸手不見五指的狀況，也不會感到徬徨，而是感受著更多的從容和力量，平靜地在原地重新設定目標方向。

時間管理本身並不是重點，重要的是如何透過時間管理，記住自己想要怎樣的人生，邁向目標的其中一種方式便是寫下計畫表。「縮減無謂的事物，做自己想做的事。」這個標語說明了一切，期望你不要把人生全耗在忙碌的生活，不妨做些讓自己感受到無比熱情的事。

我因為這句標語有所改變，兩百多名時間區塊團隊成員也是如此，都找到了為自己的人生帶來幸福的事物，取代適度有趣的其他事，並專注其中。有些成員的人生在短短不到一年的時間內，有了戲劇性的轉變，我也是因為有這些每天透過 BLOCK6 系統成長的成員們陪伴，才能帶著信心寫下這本書。我親眼看見來自不同年紀、性別、職業、生活方式的成員們將系統套用到生活，然後取得成長，這一切都要感謝，全多虧時間區塊團隊的成員們

以現實的角度來看，我很難和全體的團隊成員交流，因此決定寫下這本書，試著更具體的說明先前透過演講和文章闡述的「BLOCK6系統」，濃縮時間管理的秘訣，進行深入探討。

我盡量寫得簡單明瞭，以利閱讀本書的你能把系統導入自己的生活，不過要是實戰之後有任何疑問，都可以經由「LookMal」的YouTube 頻道向我提出，我將會以內容的方式解答，未來仍會不斷幫

助你成長，不會在此畫上句點。

　　人生不只是忙碌的生活，選擇自己真正想要做的事情吧！最後，我要為你打氣，更期盼你能擁有怦然心動的人生。

　　「縮減無謂的事物，做自己想做的事吧！」

國家圖書館出版品預行編目（CIP）資料

6區塊黃金比例時間分配法：三步驟「視覺化」時間價值，正事不
荒廢更有小確幸，活出自己想要的人生／鄭智荷（정지하）作；
Loui譯. -- 初版. -- 臺北市：方言文化出版事業有限公司，2022.10
　　面；　公分
譯自：시간을 선택하는 기술 블럭식스：
　　　　내 일상의 황금비율을 찾는 하루 6블럭 시간 관리 시스템
ISBN 978-626-7173-17-6（平裝）

1. CST：時間管理　　2. CST：工作效率

494.01　　　　　　　　　　　　　　　　　　111014129

6區塊黃金比例時間分配法

三步驟「視覺化」時間價值，正事不荒廢更有小確幸，活出自己想要的人生
시간을 선택하는 기술 블럭식스：
내 일상의 황금비율을 찾는 하루 6블럭 시간 관리 시스템

作　　　者　　鄭智荷（정지하）
譯　　　者　　Loui

總 編 輯　　鄭明禮
選 書 人　　盧巧勳
責任編輯　　李與真
業 務 部　　葉兆軒、尹子麟、林姿穎、胡瑜芳
企 劃 部　　林秀卿
管 理 部　　蘇心怡、陳姿伃、莊惠淳

封面設計　　張天薪
內頁排版　　王信中

法律顧問　　証揚國際法律事務所朱柏璁律師

出版發行　　方言文化出版事業有限公司
劃撥帳號　　50041064
電話／傳真　　（02）2370-2798／（02）2370-2766

定　　　價　　新台幣350元，港幣定價116元
初版一刷　　2022年10月5日

I S B N　　978-626-7173-17-6

시간을 선택하는 기술 블럭식스：내 일상의 황금비율을 찾는 하루 6 블럭 시간 관리 시스템
Copyright©2021 by JUNG JIHA
All rights reserved.
Original Korean edition published by Hans Media.
Chinese(complex) Translation Copyright©2022 by Babel Publishing Group.
Chinese(complex) Translation rights arranged with Hans Media.
through M.J. Agency, in Taipei.

⾒方言文化